統計的信号処理

信号・ノイズ・推定を理解する

関原 謙介［著］

Introduction to
Statistical Signal Processing

共立出版

まえがき

デジタル信号処理は現代の科学技術の種々の分野で基盤的な技術として用いられている．この事実を反映して，「デジタル信号処理」を題目に持つ多くの書が出版されているが，それらは主に信号の解析手法に関するものであり，フーリエ解析に始まり離散フーリエ変換や高速フーリエ変換を説明し，デジタルフィルターの設計に話を進めるという，いわば定型的な枠組みに沿って書かれているものがほとんどである．

一方，実世界の観測データと日々格闘している者にとって重要なのがノイズの取り扱いである．ノイズが重畳した観測データから関心対象の信号を推定する手法についての技術・学問体系は統計的信号処理 (Statistical Signal Processing) と呼ばれている．統計的信号処理は科学技術の多くの分野で用いられており，特に種々の制約から観測データに相当量のノイズが混入することが不可避な分野，例えば，リモートセンシングや地球物理学的な観測，脳や心臓などの生体からの信号計測，レーダーやソナーなど電磁波や音響計測等の分野では必須の技術である．

しかしながら初学者がノイズの取り扱いや推定問題について学ぼうとする場合，和文の入門書や教科書が存在しないという問題がある．したがって現状では，統計学の教科書・入門書を用いて統計的信号処理を学び始めるのが普通であろう．しかし，統計学に関する教科書は標準的な統計学のスタイルと枠組みに沿って書かれており，初学者が統計学の教科書から統計的信号処理の体系を学ぶのはかなり効率が悪い．一方で統計的信号処理に関する英文の教科書は数多く存在する．したがって先端的な技術者や研究者は英文の書籍により学ぶことも可能ではあるが，初学者にとっては英文の教科書は敷居が高いのも事実であろう．

このように統計的信号処理に関する和文の入門書が存在しないことが本書執筆の主たる動機である．本書は，対象となる読者として理工学部に在籍する学部 3-4 年生から大学院の修士課程の学生を念頭において執筆した．本書の読者は確率論と線形代数についてある程度の知識を有することが望ましい．しかし，近年，多くの大学において，理工学部，特に工学部に在籍する学生はこれらの分野について多くを学んでおらず「ある程度の知識」を期待できないのも事実である．したがって，本書では第1章に，本書を読み進めるに際して最低限必要とされる確率について基礎的な知識のまとめを記載し，付録に，線形代数についてのまとめを記載した．

本書の構成は以下の通りである．

第2章ではノイズの確率モデルとして中心的な役割を果たす正規分布についてかなり詳細な説明を行う．

第3章は推定についての概説であり，最尤法について基本的な考え方を説明する．

第4章と第5章は最尤法から線形正規モデルの仮定のもとに導かれる最小二乗法について説明する．特に第4章では最小二乗法の基本的な事柄を，第5章ではさらに発展的な内容について説明を行う．

第6章ではセンサーアレイ信号処理について述べる．センサーアレイ信号処理は多数のセンサーを空間に配置し，電磁波や音響あるいは地震波といった波動現象の空間分布を計測し，その波動を発生している発生源についての情報を得るための信号処理技術であり，第4章および第5章で説明している最小二乗推定と関係が深い．ただ，この章は本書全体の構成からは独立しており，読み飛ばしても差し支えない．

第7章以降はベイズ推定についての章である．第7章においてベイズ推定の基本を述べた後，第8章では線形正規モデルのベイズ推定について説明する．

第9章ではEMアルゴリズムを用いたハイパーパラメータの推定とその応用について述べる．

第10章は線形動的システムとカルマンフィルターについて述べる．カルマンフィルターの導出については既に数多くの解説・入門書も存在するが，本書では，あくまで線形正規モデルにおける未知量の推定問題の特別な場合として線形動的システムを議論する．

本書の前半部分，特に第5章の内容は著者の古くからの友人である東京工業大学の大山永昭教授，山口雅浩准教授，小尾高史准教授，千葉大学の羽石秀昭教授との以前に行った共同研究での議論に負う所が大きい．また第7章以降の内容は，著者の現在の共同研究者であるカリフォルニア大学サンフランシスコ校のSrikantan S. Nagarajan教授，Hagai Attias博士らとの議論から受けたいくつもの教示が基になっている．これらの人々に深く感謝する次第である．また共立出版編集部，日比野元氏には本書の企画の段階からご助力いただき，深く感謝申し上げる．

最後に，本書が統計的信号処理を学ぼうとする多くの人々にとって少しでも助けになれば喜びである．

2011年7月

関原 謙介

目　　次

第 1 章　確率の基礎

統計的信号処理を学ぶには当然ながら確率についての知識が必須である．本章は，確率，確率変数，確率分布等について，本書を読み進む際に必要となる最低限の知識をまとめたものである．

1.1　確率と確率分布

ある事柄 A が起こる確率を $P(A)$ と表す．また，それが取る各値に対しそれぞれ確率が与えられている変数を確率変数 (random variable) と呼ぶ．確率変数はイタリックの大文字を用いて X のように表す．例として，さいころの出る目の集合 $\{1,2,3,4,5,6\}$ の各要素が確率変数 X である場合を考えてみよう．X の各値，すなわち $X = k$，(ここで k は 1 から 6 までのどれかの値を取るとする) に対応する確率は全て 1/6 である．このことを

$$P(X = k) = \frac{1}{6} \quad (k = 1, \ldots, 6)$$

と表記する．上の式は「確率変数 X が k という値を取ることが起こる確率は 1/6 である」ことを意味している．

一般的に確率変数 X が離散値をとる場合，この確率変数は離散型と呼ばれる．この場合 X は離散値の集合 $\{x_1, x_2, \ldots, x_n, \ldots\}$ の中の値をとる．確率の議論では確率変数を X のように大文字で表し，その実現値を x_k のように小文字で表すのが普通である．本書においてもまずこの慣習に従う[1)]．この離散型の確率変数に対して，ある関数 $f(x)$ を用いて

$$P(X = x_k) = f(x_k) \quad (k = 1, 2, \ldots) \tag{1.1}$$

[1)] 確率変数がベクトル型の場合，あるいは少し複雑な議論の場合には，確率変数とその実現値を必ずしも区別せず同じ記号で表す．このような場合，確率変数とその実現値を区別して表記すると数式表現が却って煩雑になるためである．

の関係があるとき，$f(x)$ を確率変数 X に対する確率分布 (probability distribution) と呼ぶ．このとき，

$$f(x_k) \geq 0 \quad \text{および} \quad \sum_{k=1}^{\infty} f(x_k) = 1 \tag{1.2}$$

を満たす．

確率変数 X が連続値をとり，

$$P(a \leq X \leq b) = \int_a^b f(x)dx \tag{1.3}$$

なる $f(x)$ が存在するとき，X は連続型の確率分布を持つといわれる．$f(x)$ は X の確率密度分布 (probability density distribution) と呼ばれる．本書で使われるのはこの連続型の確率分布であり，以降，確率変数，確率分布は特に断らない限り連続型とする．確率密度分布 $f(x)$ は

$$f(x) \geq 0 \quad \text{および} \quad \int_{-\infty}^{\infty} f(x)dx = 1 \tag{1.4}$$

を満たす．

X がある値以下である確率，$P(X \leq x)$ を

$$F(x) = P(X \leq x) \tag{1.5}$$

と表して，$F(x)$ を累積分布関数と呼ぶ．ここで，確率密度分布 $f(x)$ を用いれば

$$F(x) = \int_{-\infty}^{x} f(u)du \tag{1.6}$$

となる．

1.2　確率変数の変換

X を確率変数としてその確率密度分布を $f(x)$ とする．ここで，$Y = \phi(X)$ で新しく定義される確率変数 Y の確率密度分布 $g(y)$ を求めてみよう．ただし，$\phi(X)$ は単調増加関数とする．今，x の微小区間 $(x, x + \Delta x)$ が $y = \phi(x)$ を介して y の微小区間 $(y, y + \Delta y)$ に対応しているとする．ここで，

$\Delta y = \phi(x + \Delta x) - \phi(x)$ である．したがって，

$$P(x \leq X \leq x + \Delta x) = P(y \leq Y \leq y + \Delta y) \tag{1.7}$$

が成立する．これを確率密度分布を用いて表すと，

$$f(x)\Delta x = g(y)\Delta y \tag{1.8}$$

であるので

$$g(y) = f(x)\frac{\Delta x}{\Delta y} \sim f(x)\frac{dx}{dy} \tag{1.9}$$

が成り立つ．ここで，$y = \phi(x)$ の逆関数を $x = \varphi(y)$ とする．$\phi(x)$ は単調増加関数と仮定したので必ず逆関数は存在する．$x = \varphi(y)$ を用いれば，

$$g(y) = f(x)\frac{dx}{dy} = f\left(\varphi(y)\right)\frac{d\varphi(y)}{dy} \tag{1.10}$$

を得る．これが $Y = \phi(X)$ で新しく定義される確率変数 Y の確率密度分布 $g(y)$ を X の確率密度分布 $f(x)$ から求める式である．

1.3　確率変数の期待値と分散

確率変数 X に対して，

$$E(X) = \int_{-\infty}^{\infty} xf(x)dx \tag{1.11}$$

を期待値と呼ぶ．期待値には以下の性質がある．ただしここで，a，b は定数 (確率変数ではない) とする．

$$E(b) = b \tag{1.12}$$

$$E(X + b) = E(X) + b \tag{1.13}$$

$$E(aX) = aE(X) \tag{1.14}$$

$$E(aX + b) = aE(X) + b \tag{1.15}$$

$$E(X + Y) = E(X) + E(Y) \tag{1.16}$$

例えば，式 (1.13) の証明は以下のとおりである．

$$E(X+b)=\int_{-\infty}^{\infty}(x+b)f(x)dx=\int_{-\infty}^{\infty}xf(x)dx+\int_{-\infty}^{\infty}bf(x)dx$$
$$=\int_{-\infty}^{\infty}xf(x)dx+b\int_{-\infty}^{\infty}f(x)dx=E(X)+b \tag{1.17}$$

他の関係式も同様に証明できる[2)].

確率変数 X の分散 $V(X)$ を

$$V(X)=E\left[(X-\mu)^2\right]=\int_{-\infty}^{\infty}(x-\mu)^2f(x)dx \tag{1.18}$$

と定義する．ここで，$\mu=E(X)$ である．分散の計算には以下の関係式がよく用いられる．

$$V(X)=E\left[(X-\mu)^2\right]=E\left(X^2\right)-\mu^2=E\left(X^2\right)-E(X)^2 \tag{1.19}$$

上式の証明は簡単である [**問題 1.1**]．分散には次の性質がある．

$$V(b)=0 \tag{1.20}$$
$$V(X+b)=V(X) \tag{1.21}$$
$$V(aX)=a^2V(X) \tag{1.22}$$
$$V(aX+b)=a^2V(X) \tag{1.23}$$

ただし，a，b は定数とする．$D(X)=\sqrt{V(X)}$ で求まる $D(X)$ を確率変数 X の標準偏差と呼ぶ．確率変数 X に対して

$$Z=\frac{X-E(X)}{D(X)} \tag{1.24}$$

として新しい確率変数 Z を求めること，すなわち，ある確率変数からその平均を減じ，標準偏差で除することにより新しい確率変数を作ることを確率変数の標準化と呼ぶ．

ちなみに，式 (1.19) 右辺の $E\left(X^2\right)$ は確率変数 X の 2 次のモーメントと呼ばれる．一般に，$E\left(X^k\right)$ は確率変数 X の k 次のモーメントと呼ばれる．

[2)] 式 (1.16) は次節で証明を行う．

1.4 多変数の確率分布

確率分布の考え方は2つ以上の確率変数が存在する場合にも直ちに拡張可能である．以下，A という事柄と B という事柄が両方起こる確率を $P(A, B)$ と表すとすれば，2つの離散型確率変数 X および Y に対して

$$P(X = x, Y = y) = f(x, y) \tag{1.25}$$

であるとき，$f(x, y)$ を確率変数 X および Y に対する同時確率分布 (joint probability distribution) と呼ぶ．連続型確率変数の場合には

$$P(a \leq X \leq b, c \leq Y \leq d) = \int_c^d \int_a^b f(x, y)dxdy \tag{1.26}$$

であるとき，$f(x, y)$ を確率変数 X および Y に対する同時確率密度分布 (joint probability density distribution) と呼ぶ．同時確率分布から一方の確率変数を積分消去してもう一方のみの確率分布とすることを周辺化 (marginalization) と呼ぶ．すなわち，$f(x, y)$ を周辺化すると

$$g(x) = \int_{-\infty}^{\infty} f(x, y)dy \quad \text{および} \quad h(y) = \int_{-\infty}^{\infty} f(x, y)dx \tag{1.27}$$

であり，$g(x)$ および $h(y)$ は周辺分布 (marginal distribution) と呼ばれ，それぞれ確率変数 X および Y のみの確率密度分布になる．

この節で述べたことを用いて式 (1.16) の証明をしてみよう．ここで，式 (1.27) の $g(x)$ と $h(y)$ を用いれば，

$$E(X + Y) = \iint_{-\infty}^{\infty} (x + y)f(x, y)dxdy \tag{1.28}$$

$$E(X) = \int_{-\infty}^{\infty} xg(x)dx \tag{1.29}$$

$$E(Y) = \int_{-\infty}^{\infty} yh(y)dy \tag{1.30}$$

である．したがって，

$$E(X+Y) = \iint_{-\infty}^{\infty} (x+y)f(x,y)dxdy$$
$$= \iint_{-\infty}^{\infty} xf(x,y)dxdy + \iint_{-\infty}^{\infty} yf(x,y)dxdy$$
$$= \int_{-\infty}^{\infty} xg(x)dx + \int_{-\infty}^{\infty} yh(y)dy = E(X) + E(Y) \qquad (1.31)$$

となる．この式 (1.16) の関係を期待値の加法性と呼ぶこともある．

同時確率分布の考え方は任意の数の確率変数に対して拡張できる．K 個の確率変数 $X_1, \ldots, X_K$ に対して，j 番目の確率変数 X_j が $a_j \leq X_j \leq b_j$ である確率は同時確率密度分布 $f(x_1, \ldots, x_K)$ を用いて

$$P(a_1 \leq X_1 \leq b_1, \ldots, a_K \leq X_K \leq b_K)$$
$$= \int_{a_1}^{b_1} \cdots \int_{a_K}^{b_K} f(x_1, \ldots, x_K)dx_1 \cdots dx_K \qquad (1.32)$$

と表すことができる．

1.5　共分散と確率変数の独立

確率変数が2変数 X と Y の場合，X と Y の期待値をそれぞれ μ_x および μ_y として，

$$\mathrm{Cov}(X,Y) = E\left[(X-\mu_x)(Y-\mu_y)\right] \qquad (1.33)$$

を確率変数 X と Y の共分散 (covariance) と呼ぶ．共分散を用いると

$$V(X+Y) = V(X) + V(Y) + 2\,\mathrm{Cov}(X,Y) \qquad (1.34)$$

が成り立つ．証明は以下の通りである．

$$V(X+Y) = E\left[(X+Y-\mu_x-\mu_y)^2\right] = E\left[(X-\mu_x+Y-\mu_y)^2\right]$$
$$= E\left[(X-\mu_x)^2\right] + E\left[(Y-\mu_y)^2\right] + 2E\left[(X-\mu_x)(Y-\mu_y)\right]$$
$$= V(X) + V(Y) + 2\,\mathrm{Cov}(X,Y) \qquad (1.35)$$

共分散に関して次の関係式が成立する [**問題 1.2**]．

$$\mathrm{Cov}(X,Y)=E(XY)-\mu_x\mu_y \tag{1.36}$$

2 個の確率変数 X および Y に対してその確率 (密度) 分布を

$$f(x,y)=f_1(x)f_2(y) \tag{1.37}$$

と書くことができるとき，確率変数 X および Y は独立であるという．N 個の確率変数 $X_1,\ldots,X_N$ の場合は

$$f(x_1,\ldots,x_N)=f_1(x_1)\cdots f_K(x_N) \tag{1.38}$$

となることが確率変数 $X_1,\ldots,X_N$ が独立となることの条件である．

さらに，2 個の確率変数 X と Y が独立な場合，

$$E(XY)=E(X)E(Y) \tag{1.39}$$

が成立する．証明はきわめて容易である [**問題 1.3**]．したがって，式 (1.36) を用いれば，確率変数 X と Y が独立な場合，

$$\mathrm{Cov}(X,Y)=0 \tag{1.40}$$

となることがわかる．さらに，式 (1.34) から確率変数 X と Y が独立な場合，

$$V(X+Y)=V(X)+V(Y) \tag{1.41}$$

となる．

上の議論は直ちに N 個の独立な確率変数 $X_1,\ldots,X_N$ の場合に拡張でき，この場合，

$$V(X_1+\cdots+X_N)=V(X_1)+\cdots+V(X_N) \tag{1.42}$$

の関係式が成り立つ．ここで，N 個の確率変数 $X_1,\ldots,X_N$ に対しては，式 (1.16) の拡張として $X_1,\ldots,X_N$ が独立であるかどうかにはかかわらず，期待値の加法性，

$$E(X_1+\cdots+X_N)=E(X_1)+\cdots+E(X_N) \tag{1.43}$$

も成立する．さらに，確率変数 $X_1, \ldots, X_N$ が互いに独立で全く同一の分布[3)]に従う場合，

$$E(X_1) = E(X_2) = \cdots = E(X_N) = \mu \tag{1.44}$$

$$V(X_1) = V(X_2) = \cdots = V(X_N) = \sigma^2 \tag{1.45}$$

とすれば，式 (1.43) および式 (1.42) から，

$$E(X_1 + \cdots + X_N) = N\mu \tag{1.46}$$

$$V(X_1 + \cdots + X_N) = N\sigma^2 \tag{1.47}$$

となる．確率変数 $X_1, \ldots, X_N$ の算術平均

$$\bar{X} = \frac{X_1 + \cdots + X_N}{N}$$

を考えてみよう．式 (1.46) および式 (1.47) と式 (1.22) から，算術平均に関するよく知られた関係式

$$E(\bar{X}) = \mu \tag{1.48}$$

$$V(\bar{X}) = \frac{\sigma^2}{N} \tag{1.49}$$

を得る．

1.6　ベクトル型確率変数

前節のように N 個の確率変数が存在する場合，通常これを列ベクトルで表す．すなわち，確率変数 $x_1, x_2, \ldots, x_N$ に対して，

$$\boldsymbol{x} = \begin{bmatrix} x_1 \\ x_2 \\ \vdots \\ x_N \end{bmatrix} \tag{1.50}$$

という列ベクトル $\boldsymbol{x}$ を用いて確率変数 $x_1, x_2, \ldots, x_N$ 全体を表す．これを

3) このように独立で同一の分布に従うことを independently and identically distributed，略して IID と言う場合がある．

ベクトル型確率変数と呼ぶ．本書では特に断らない限りベクトルを小文字のイタリック体・太字で表し，行列を大文字のイタリック体・太字で表す．太字でないイタリック体は大文字あるいは小文字を問わずスカラーを表す．前節までは確率変数を大文字で表し，その実現値を小文字で表したが，ベクトル型確率変数を用いる場合，本書では確率変数とその実現値の区別を行わず，同じ文字で表す．

確率変数 $x_1, \ldots, x_N$ において x_j の期待値を μ_j，すなわち，$E(x_j) = \mu_j$ とすれば，列ベクトル

$$\boldsymbol{\mu} = \begin{bmatrix} \mu_1 \\ \mu_2 \\ \vdots \\ \mu_N \end{bmatrix}$$

を用いて，

$$E(\boldsymbol{x}) = \begin{bmatrix} E(x_1) \\ E(x_2) \\ \vdots \\ E(x_N) \end{bmatrix} = \begin{bmatrix} \mu_1 \\ \mu_2 \\ \vdots \\ \mu_N \end{bmatrix} = \boldsymbol{\mu} \tag{1.51}$$

と表すことができる．ベクトル型確率変数の期待値に関しても，スカラー型確率変数の式 (1.12)-(1.16) に対応して，次の関係式

$$E(\boldsymbol{b}) = \boldsymbol{b} \tag{1.52}$$

$$E(\boldsymbol{x} + \boldsymbol{b}) = E(\boldsymbol{x}) + \boldsymbol{b} \tag{1.53}$$

$$E(\boldsymbol{A}\boldsymbol{x}) = \boldsymbol{A}E(\boldsymbol{x}) \tag{1.54}$$

$$E(\boldsymbol{A}\boldsymbol{x} + \boldsymbol{b}) = \boldsymbol{A}E(\boldsymbol{x}) + \boldsymbol{b} \tag{1.55}$$

$$E(\boldsymbol{x} + \boldsymbol{y}) = E(\boldsymbol{x}) + E(\boldsymbol{y}) \tag{1.56}$$

$$E(\boldsymbol{x}^T) = (E(\boldsymbol{x}))^T = \boldsymbol{\mu}^T \tag{1.57}$$

が成り立つ．ここで，$\boldsymbol{A}$ は定数行列であり $\boldsymbol{b}$ は定数ベクトルである．証明は簡単なので省略する．

スカラー型確率変数の分散に対応したベクトル型確率変数の統計量である共分散行列を定義しよう．$N \times N$ の行列 $\boldsymbol{\Sigma}$ を以下のように定義する．

$$\boldsymbol{\Sigma} = E\left[(\boldsymbol{x} - \boldsymbol{\mu})(\boldsymbol{x} - \boldsymbol{\mu})^T\right] \tag{1.58}$$

この行列 $\boldsymbol{\Sigma}$ を確率変数 $\boldsymbol{x}$ の共分散行列と呼ぶ．ここで，上付きの T は行列の転置を表す．実際に $\boldsymbol{x}$(式 (1.50)) と $\boldsymbol{\mu}$(式 (1.51)) を式 (1.58) に代入すると

$$\begin{aligned}
&\boldsymbol{\Sigma} = E\left[(\boldsymbol{x} - \boldsymbol{\mu})(\boldsymbol{x} - \boldsymbol{\mu})^T\right] \\
&= \begin{bmatrix}
E\left[(x_1 - \mu_1)^2\right] & \dots & E\left[(x_1 - \mu_1)(x_N - \mu_N)\right] \\
E\left[(x_2 - \mu_2)(x_1 - \mu_1)\right] & \dots & E\left[(x_2 - \mu_2)(x_N - \mu_N)\right] \\
\vdots & \ddots & \vdots \\
E\left[(x_N - \mu_N)(x_1 - \mu_1)\right] & \dots & E\left[(x_N - \mu_N)^2\right]
\end{bmatrix}
\end{aligned} \tag{1.59}$$

となる．つまり，この行列の j 番目の対角要素は確率変数 x_j の分散を表し，この行列の (i, j) 非対角要素は確率変数 x_i と x_j の共分散を表している．確率変数が独立な分布を持つとき，共分散行列の非対角要素は全てゼロとなる．さらに確率変数が全て分散 σ^2 を持つとすれば，対角成分は全て σ^2 となるので，共分散行列は

$$\boldsymbol{\Sigma} = \begin{bmatrix}
\sigma^2 & 0 & \dots & 0 \\
0 & \sigma^2 & \dots & 0 \\
\vdots & \vdots & \ddots & \vdots \\
0 & 0 & \dots & \sigma^2
\end{bmatrix} = \sigma^2 \begin{bmatrix}
1 & 0 & \dots & 0 \\
0 & 1 & \dots & 0 \\
\vdots & \vdots & \ddots & \vdots \\
0 & 0 & \dots & 1
\end{bmatrix} = \sigma^2 \boldsymbol{I} \tag{1.60}$$

となる．ここで，$\boldsymbol{I}$ は単位行列を表す．

共分散行列に関しては

$$\boldsymbol{\Sigma} = E\left[(\boldsymbol{x} - \boldsymbol{\mu})(\boldsymbol{x} - \boldsymbol{\mu})^T\right] = E\left[\boldsymbol{x}\boldsymbol{x}^T\right] - \boldsymbol{\mu}\boldsymbol{\mu}^T \tag{1.61}$$

の関係を容易に示すことができる [**問題 1.5**]．これはスカラー変数の場合の式 (1.19) に対応している．$\boldsymbol{y}$ を $M \times 1$ の確率変数ベクトル，$\boldsymbol{x}$ を $N \times 1$ の確率変数ベクトル，$\boldsymbol{A}$ を $M \times N$ の定数行列，$\boldsymbol{b}$ を $M \times 1$ の定数ベクトル

として，

$$\boldsymbol{y} = \boldsymbol{A}\boldsymbol{x} + \boldsymbol{b}$$

の関係があるとき，確率変数 $\boldsymbol{x}$ に関する共分散行列を $\boldsymbol{\Sigma}_x$，確率変数 $\boldsymbol{y}$ に関する共分散行列を $\boldsymbol{\Sigma}_y$ とすると

$$\boldsymbol{\Sigma}_y = \boldsymbol{A}\boldsymbol{\Sigma}_x\boldsymbol{A}^T \tag{1.62}$$

の関係がある [**問題 1.6**]．上式はスカラー変数の場合の式 (1.23) に対応したものである．

ちなみに，式 (1.61) 右辺の $E\left[\boldsymbol{x}\boldsymbol{x}^T\right]$ は確率変数 $\boldsymbol{x}$ の 2 次モーメント行列と呼ばれる．2 次モーメント行列は第 6 章で用いられる．

問　　題

1.1 式 (1.19) を証明せよ．

1.2 式 (1.36) を証明せよ．

1.3 式 (1.39) を証明せよ．

1.4 式 (1.57) の成立を示せ．

1.5 式 (1.61) を証明せよ．

1.6 式 (1.62) を証明せよ．

1.7 式 (1.22) および (1.23) の成立を示せ．

1.8 確率分布が $[0,1]$ 上の一様分布 (確率密度関数 $f(x) = 1$) に従うとき，期待値と分散を求めよ．

1.9 確率変数 X が領域 $[0,1]$ で一様分布に従うとき，確率変数 $Y = 1/X$ の確率密度分布を求めよ．

1.10 確率変数 X について，$\mu = E(X)$，$\sigma^2 = V(X)$，k を正の定数として

$$P(|X - \mu| \geq k\sigma) \leq 1/k^2$$

が成り立つことを示せ．上式はチェビシェフ不等式と呼ばれる．

第 2 章　正規分布

本章では，正規分布についての基本的な事柄を解説する．正規分布は現実世界のデータ (real-life data) を取り扱う際にノイズの確率モデルとして頻繁に用いられる確率分布であり，あらゆる確率分布の中で最も重要な確率分布と言っても過言ではない．正規分布には便利で取り扱いやすい性質があり，本章ではそれらの性質を導出する．

2.1　正規分布の確率密度関数

次の確率密度分布

$$f(x) = \frac{1}{\sqrt{2\pi}\sigma} \exp\left[-\frac{(x-\mu)^2}{2\sigma^2}\right] \tag{2.1}$$

を正規分布 (normal distribution あるいは Gaussian distribution) と呼ぶ．まず，式 (2.1) が確かに確率密度分布の特性

$$\int_{-\infty}^{\infty} f(x)dx = 1$$

を満たしていることを見てみよう．

$$\int_{-\infty}^{\infty} f(x)dx = \int_{-\infty}^{\infty} \frac{1}{\sqrt{2\pi}\sigma} \exp\left[-\frac{(x-\mu)^2}{2\sigma^2}\right] dx \tag{2.2}$$

において，積分変数を $t = (x-\mu)/(\sqrt{2}\sigma)$ となる t に変換すると，

$$\int_{-\infty}^{\infty} f(x)dx = \int_{-\infty}^{\infty} \frac{1}{\sqrt{2\pi}\sigma} \exp\left[-t^2\right] \sqrt{2}\sigma dt = \frac{1}{\sqrt{\pi}} \int_{-\infty}^{\infty} e^{-t^2} dt = 1 \tag{2.3}$$

である．右辺の最後は

$$\int_{0}^{\infty} e^{-t^2} dt = \frac{\sqrt{\pi}}{2} \tag{2.4}$$

の関係を用いた．ほぼ同様の導出を用いて，

$$E(X) = \frac{1}{\sqrt{2\pi}\sigma} \int_{-\infty}^{\infty} x \exp\left[-\frac{(x-\mu)^2}{2\sigma^2}\right] dx = \mu \tag{2.5}$$

$$V(X) = \frac{1}{\sqrt{2\pi}\sigma} \int_{-\infty}^{\infty} (x-\mu)^2 \exp\left[-\frac{(x-\mu)^2}{2\sigma^2}\right] dx = \sigma^2 \tag{2.6}$$

を示すことができる [**問題 2.1**]．すなわち，平均 μ および分散 σ^2 の正規分布が式 (2.1) で示される確率密度分布を持つ．正規分布の確率密度分布には平均 μ と分散 σ^2 の 2 つのパラメータしか含まれないので，この 2 つを決めれば正規分布は一意に定まる．したがって，正規分布の確率密度分布を表すのに簡略的な表記法として式 (2.1) の代わりに

$$f(x) = \mathcal{N}(x|\mu, \sigma^2) \tag{2.7}$$

もよく用いられる．また，確率変数 X が平均 μ，分散 σ^2 の正規分布をする場合，

$$X \sim \mathcal{N}(x|\mu, \sigma^2) \tag{2.8}$$

と表記することもある．

2.2　正規分布の重要な性質

正規分布について重要な性質を導出してみよう．確率変数 X が正規分布する場合，すなわち，

$$X \sim \mathcal{N}(x|\mu, \sigma^2)$$

である場合，X から線形変換，つまり，$Y = aX + b$ によって得られた確率変数 Y は

$$Y \sim \mathcal{N}(y|a\mu + b, a^2\sigma^2) \tag{2.9}$$

となる．ここで，a と b は定数である．式 (2.9) を証明してみよう．まず，第 1.3 節で議論した期待値と分散の性質から Y の期待値が $a\mu + b$，分散が $a^2\sigma^2$ となることは明らかである．問題は Y の確率分布が正規分布となるかどうかである．これを示すには式 (1.10) を用いる．

$$Y = aX + b \quad \text{より} \quad X = \frac{Y-b}{a} \quad \text{であるので,}$$

$dx/dy = 1/a$ であり，したがって Y の確率密度分布 $g(y)$ は

$$\begin{aligned} g(y) &= f(\frac{y-b}{a})\frac{dx}{dy} = \frac{1}{\sqrt{2\pi}\sigma}\exp\left[-\frac{(\frac{y-b}{a}-\mu)^2}{2\sigma^2}\right]\frac{1}{a} \\ &= \frac{1}{\sqrt{2\pi}a\sigma}\exp\left[-\frac{(y-(a\mu+b))^2}{2(a\sigma)^2}\right] \end{aligned} \tag{2.10}$$

となる．式 (2.10) は $g(y)$ が平均 $a\mu + b$，分散 $(a\sigma)^2$ の正規分布であることを示している．つまり式 (2.9) を示すことができた．

式 (2.9) は，ある確率変数が正規分布をするなら，その線形変換によって得られる確率変数も正規分布をすることを示している．このことから $X \sim \mathcal{N}(x|\mu, \sigma^2)$ なら，X を標準化して得た確率変数 Z に対して

$$Z = \frac{X-\mu}{\sigma} \sim \mathcal{N}(z|0, 1) \tag{2.11}$$

であることが導かれる．ここで，$\mathcal{N}(z|0,1)$ は平均 0，分散 1 の正規分布であり標準正規分布と呼ばれる．

次に，確率変数 X および Y が独立で，それぞれ $X \sim \mathcal{N}(x|\mu_1, \sigma_1^2)$，$Y \sim \mathcal{N}(y|\mu_2, \sigma_2^2)$ なら

$$Z = X + Y \sim \mathcal{N}(z|\mu_1 + \mu_2, \sigma_1^2 + \sigma_2^2) \tag{2.12}$$

であることを証明してみよう．Z の平均と分散が $\mu_1 + \mu_2$ と $\sigma_1^2 + \sigma_2^2$ になるのは，第 1.5 節から明らかである．問題は Z が正規分布することを示すことである．

これを示すのに次の関係を利用する．確率変数 X と Y が独立で X と Y の確率密度分布を $f(x)$ と $g(y)$ とおき，$Z = X + Y$ である和の確率変数 Z の確率密度分布を $h(z)$ とすると，$h(z)$ は

$$h(z) = \int_{-\infty}^{\infty} f(x)g(z-x)dx \tag{2.13}$$

と与えられる．上式の成立は次のように説明できる．離散型確率変数 X と Y に対して $P(X + Y = z)$ なる確率を考えると，$X + Y = z$ となる事象は $X = x$ かつ $Y = z - x$ となる全ての x からの総和の事象として表すことが

できるので,

$$P(X+Y=z)=\sum_{x}P(X=x)P(Y=z-x)$$

が成り立つ．連続型確率変数の場合には，上式は式 (2.13) を意味している．

式 (2.13) を用いて，まず，

$$X_1 \sim \mathcal{N}(x_1|0,\sigma^2)$$

および

$$X_2 \sim \mathcal{N}(x_2|0,1)$$

であるとき，X_1 と X_2 が独立なら

$$U = X_1 + X_2 \sim \mathcal{N}(u|0,\sigma^2+1) \tag{2.14}$$

が成り立つことを示そう．式 (2.13) より確率変数 $U = X_1 + X_2$ に対する確率密度分布 $h(u)$ は以下のように表される [**問題 2.2**].

$$\begin{aligned}
h(u) &= \int_{-\infty}^{\infty}\frac{1}{\sqrt{2\pi}\sigma}\exp\left[-\frac{x^2}{2\sigma^2}\right]\frac{1}{\sqrt{2\pi}}\exp\left[-\frac{(u-x)^2}{2}\right]dx \\
&= \frac{1}{\sqrt{2\pi}(\sigma/c)}\exp\left[-\frac{1}{2}(1-c^2)u^2\right]\frac{1}{\sqrt{2\pi}c}\int_{-\infty}^{\infty}\exp\left[-\frac{1}{2c^2}(x-c^2u)^2\right]dx
\end{aligned} \tag{2.15}$$

ここで，$c=\sigma/\sqrt{1+\sigma^2}$ である．ところで，式 (2.15) 右辺の後半部分は

$$\frac{1}{\sqrt{2\pi}c}\int_{-\infty}^{\infty}\exp\left[-\frac{1}{2c^2}(x-c^2u)^2\right]dx = 1$$

である．なぜなら，上式は平均 c^2u，分散 c^2 の正規分布の全積分となっているからである．したがって，$c=\sigma/\sqrt{1+\sigma^2}$ を代入し，改めて式 (2.15) を整理すると

$$h(u)=\frac{1}{\sqrt{2\pi}(\sigma/c)}\exp\left[-\frac{1}{2}(1-c^2)u^2\right]=\frac{1}{\sqrt{2\pi}\sqrt{1+\sigma^2}}\exp\left[-\frac{u^2}{2(1+\sigma^2)}\right] \tag{2.16}$$

を得る．上式は確率変数 U の確率密度分布 $h(u)$ が平均 0，分散 $1+\sigma^2$ の正

規分布であることを示しているので，式 (2.14) が証明できた．

次に，この式 (2.14) の結果を用いて式 (2.12) を示そう．まず，$Z = X + Y$ は

$$Z = X + Y = \sigma_2 \left(\frac{X - \mu_1}{\sigma_2} + \frac{Y - \mu_2}{\sigma_2} \right) + \mu_1 + \mu_2 \tag{2.17}$$

と変形できる．ここで，$Y_1 = (X - \mu_1)/\sigma_2$，$Y_2 = (Y - \mu_2)/\sigma_2$ とおくと，

$$Y_1 = \frac{X - \mu_1}{\sigma_2} \sim \mathcal{N}(y_1 | 0, \sigma_1^2/\sigma_2^2) \tag{2.18}$$

$$Y_2 = \frac{Y - \mu_2}{\sigma_2} \sim \mathcal{N}(y_2 | 0, 1) \tag{2.19}$$

である．ここで，$Z_1 = Y_1 + Y_2$ とおくと，式 (2.14) より，

$$Z_1 = Y_1 + Y_2 \sim \mathcal{N}(z_1 | 0, 1 + \frac{\sigma_1^2}{\sigma_2^2}) \tag{2.20}$$

を得る．ここで，改めて式 (2.17) より，

$$Z = X + Y = \sigma_2 Z_1 + \mu_1 + \mu_2 \tag{2.21}$$

であるので，式 (2.9) を用いれば，

$$Z = X + Y \sim \mathcal{N}(z | \mu_1 + \mu_2, \sigma_2^2 \left(1 + \frac{\sigma_1^2}{\sigma_2^2} \right)) = \mathcal{N}(z | \mu_1 + \mu_2, \sigma_1^2 + \sigma_2^2) \tag{2.22}$$

を得る．

式 (2.22) は N 個の独立な確率変数の場合に拡張できる．すなわち，N 個の独立な確率変数 $X_1, X_2, \ldots, X_N$ が

$$\begin{aligned} X_1 &\sim \mathcal{N}(x_1 | \mu_1, \sigma_1^2) \\ X_2 &\sim \mathcal{N}(x_2 | \mu_2, \sigma_2^2) \\ &\vdots \\ X_N &\sim \mathcal{N}(x_N | \mu_N, \sigma_N^2) \end{aligned}$$

であるとき，

$$Z = X_1 + \cdots + X_N \sim \mathcal{N}(z|\mu_1 + \cdots + \mu_N, \sigma_1^2 + \cdots + \sigma_N^2) \tag{2.23}$$

が成り立つ．さらに，重み付きの和に対しては，定数の重みを $c_1, c_2, \ldots, c_N$ として，

$$Z = c_1 X_1 + \cdots + c_N X_N \sim \mathcal{N}(z|c_1\mu_1 + \cdots + c_N\mu_N, c_1^2\sigma_1^2 + \cdots + c_N^2\sigma_N^2) \tag{2.24}$$

が成り立つ．さらに，N 個の独立な確率変数 $X_1, X_2, \ldots, X_N$ が同一の分布 $\mathcal{N}(x_j|\mu, \sigma^2)$ に従うとき

$$Z = X_1 + \cdots + X_N \sim \mathcal{N}(z|N\mu, N\sigma^2) \tag{2.25}$$

となる．

2.3　中心極限定理

正規分布の性質，式 (2.23) あるいは式 (2.24) は正規分布の再帰性と呼ばれる極めて重要な (そしてきわめて便利な) 性質である．つまり，個々の確率変数が正規分布であれば，その和も正規分布をすることを保証するものである．しかし，さらに便利な性質として，$X_1, \ldots, X_N$ に正規分布を仮定しなくても，N が大きくなれば和の分布は正規分布に漸近することを示すことができる．これは中心極限定理として知られている定理である．すなわち，確率変数 $X_1, \ldots, X_N$ が同一で独立な分布をする場合には

$$Z = X_1 + \cdots + X_N \rightarrow \mathcal{N}(z|N\mu, N\sigma^2) \tag{2.26}$$

が成立する．ここで上式の → 記号は N の値が大きくなるに従い，確率変数 Z の分布が，右辺に示す正規分布に漸近することを意味する．本書ではこの証明を含めた中心極限定理の詳細な議論は省略する．中心極限定理の議論に関しては他の確率論の専門書を参照されたい．

不規則な妨害信号 (本書ではノイズと呼ぶ) が加わった観測データから信号成分を推定しようとする場合，ノイズの確率分布が必要となる．しかし，ノイズの確率分布はわからないことが普通である．一方，ノイズの確率分布が

わからない場合に，ノイズの確率分布を便宜的に正規分布と仮定して推定を行うことは，定石的な手段としてデータ処理の現場では頻繁に行われている．

実際の観測においてデータに重畳しているノイズは，多くの場合，独立な複数の不規則信号の総和と考えることができる．このような場合，観測ノイズを表す確率変数は複数の独立な確率変数の和で表される．したがって，中心極限定理は，データに重畳しているノイズの確率分布に便宜的に正規分布を仮定することの (ある程度の) 妥当性を保障するものである．実際，本書においても観測データに重畳するノイズは正規分布する正規ノイズ (Gaussian noise) として取り扱う．

2.4　多次元正規分布

次にベクトル型確率変数に対する多次元正規分布を導入しよう．N 個の確率変数をその要素として含むベクトル型確率変数 $\boldsymbol{x}$ に対する正規分布は，$\boldsymbol{x}$ の平均をベクトル $\boldsymbol{\mu}$，共分散行列を $\boldsymbol{\Sigma}$ とすると

$$f(\boldsymbol{x}) = \frac{1}{(2\pi)^{N/2}|\boldsymbol{\Sigma}|^{1/2}} \exp\left[-\frac{1}{2}(\boldsymbol{x}-\boldsymbol{\mu})^T \boldsymbol{\Sigma}^{-1}(\boldsymbol{x}-\boldsymbol{\mu})\right] \tag{2.27}$$

で表される．ここで，$|\boldsymbol{\Sigma}|$ は行列 $\boldsymbol{\Sigma}$ の行列式を表す．式 (2.27) を多次元正規分布 (multi-dimensional Gaussian distribution) と呼ぶ．多次元正規分布の場合も式 (2.27) で表される確率密度を

$$f(\boldsymbol{x}) = \mathcal{N}(\boldsymbol{x}|\boldsymbol{\mu}, \boldsymbol{\Sigma})$$

と表すこともよく行われる．

ベクトル型確率変数の各成分 $x_1, \ldots, x_N$ が独立で平均 μ，分散 σ^2 を持つ同一な正規分布に従う場合を考えてみよう．この場合，共分散行列は $\boldsymbol{\Sigma} = \sigma^2 \boldsymbol{I}$ と表されるため (式 (1.60) 参照のこと) これを式 (2.27) に代入する．行列式が式 (A.37) で表されるので $|\boldsymbol{\Sigma}| = \left(\sigma^2\right)^N$ となる．式 (2.27) は結局

$$\begin{aligned} f(\boldsymbol{x}) &= \frac{1}{(2\pi\sigma^2)^{N/2}} \exp\left[-\frac{1}{2}(\boldsymbol{x}-\boldsymbol{\mu})^T (\sigma^2 \boldsymbol{I})^{-1}(\boldsymbol{x}-\boldsymbol{\mu})\right] \\ &= \frac{1}{(2\pi\sigma^2)^{N/2}} \exp\left[-\frac{1}{2\sigma^2}\|\boldsymbol{x}-\boldsymbol{\mu}\|^2\right] \end{aligned} \tag{2.28}$$

となる．ここで，記号 $\|\cdot\|$ は式 (A.5) で定義されたベクトルのノルムを表す．したがって，

$$\|\boldsymbol{x}-\boldsymbol{\mu}\|^2=\sum_{j=1}^{N}(x_j-\mu)^2$$

であり，これを式 (2.28) に代入すると，

$$\begin{aligned}f(\boldsymbol{x})&=\frac{1}{(2\pi\sigma^2)^{N/2}}\exp\left[-\frac{1}{2\sigma^2}\sum_{j=1}^{N}(x_j-\mu)^2\right]\\&=\prod_{j=1}^{N}\frac{1}{\sqrt{2\pi}\sigma}\exp\left[-\frac{1}{2\sigma^2}(x_j-\mu)^2\right]\end{aligned}\tag{2.29}$$

を得る．ベクトル型確率変数の各成分が独立であるので，この場合，$\boldsymbol{x}$ の確率密度分布は各成分 x_j の確率密度分布の積として表されるものとなる．

式 (2.27) に戻ってその性質を少し詳細に見ていこう．まず，この式が確率分布であるためには全積分が 1 に規格化されている必要がある．この条件は満たされているであろうか．ベクトル型確率変数の各成分が独立な平均 μ と分散 σ^2 を持つ正規分布に従う場合には，式 (2.27) は式 (2.29) となる．この場合はほとんど自明であるが，式 (2.29) より，

$$\int_{-\infty}^{\infty}f(\boldsymbol{x})d\boldsymbol{x}=\prod_{j=1}^{N}\int_{-\infty}^{\infty}\frac{1}{\sqrt{2\pi}\sigma}\exp\left[-\frac{1}{2\sigma^2}(x_j-\mu)^2\right]dx_j=1\cdots1=1\tag{2.30}$$

となる．上式の $d\boldsymbol{x}$ は $d\boldsymbol{x}=dx_1\cdots dx_N$ の意味である．上式右辺の積記号内部の積分は平均 μ，分散 σ^2 の単一変数正規分布の全積分であり，式 (2.3) より 1 となるので，式 (2.30) に示す正規分布の全積分は 1 となる．

一般の場合，式 (2.27) がやはり 1 に規格化されていることを示してみよう．確率密度分布の全積分

$$\int_{-\infty}^{\infty}\frac{1}{(2\pi)^{N/2}|\boldsymbol{\Sigma}|^{1/2}}\exp\left[-\frac{1}{2}(\boldsymbol{x}-\boldsymbol{\mu})^T\boldsymbol{\Sigma}^{-1}(\boldsymbol{x}-\boldsymbol{\mu})\right]d\boldsymbol{x}\tag{2.31}$$

を計算するために付録 A.6 節にまとめた実対称行列行の固有値，固有ベクトルについての性質を用いる．まず共分散行列を

$$\boldsymbol{\Sigma} = \sum_{j=1}^{N} \lambda_j \boldsymbol{u}_j \boldsymbol{u}_j^T \tag{2.32}$$

と固有値展開する．λ_j および $\boldsymbol{u}_j$ は $\boldsymbol{\Sigma}$ の j 番目の固有値に対応する固有ベクトルである．ここで，共分散行列は実対称行列であるため固有ベクトルを列ベクトルとした行列 $\boldsymbol{U} = [\boldsymbol{u}_1, \ldots, \boldsymbol{u}_N]$ は直交行列となり，$\boldsymbol{U}^{-1} = \boldsymbol{U}^T$ が成り立つ．この固有ベクトルの直交性から，共分散行列の逆行列の固有値展開

$$\boldsymbol{\Sigma}^{-1} = \sum_{j=1}^{N} \frac{1}{\lambda_j} \boldsymbol{u}_j \boldsymbol{u}_j^T \tag{2.33}$$

を得る．

この式を用いて式 (2.31) 右辺の指数部分を変形してみると，この指数部分を Δ とおいて，

$$\begin{aligned} \Delta &= -\frac{1}{2}(\boldsymbol{x} - \boldsymbol{\mu})^T \boldsymbol{\Sigma}^{-1} (\boldsymbol{x} - \boldsymbol{\mu}) = -\frac{1}{2}(\boldsymbol{x} - \boldsymbol{\mu})^T \sum_{j=1}^{N} \frac{1}{\lambda_j} \boldsymbol{u}_j \boldsymbol{u}_j^T (\boldsymbol{x} - \boldsymbol{\mu}) \\ &= -\frac{1}{2} \sum_{j=1}^{N} \frac{1}{\lambda_j} \left[\boldsymbol{u}_j^T (\boldsymbol{x} - \boldsymbol{\mu})\right] \left[\boldsymbol{u}_j^T (\boldsymbol{x} - \boldsymbol{\mu})\right]^T \end{aligned} \tag{2.34}$$

を得る．上式で $\boldsymbol{u}_j^T(\boldsymbol{x} - \boldsymbol{\mu})$ はスカラーであるので，これを y_j とおいて列ベクトル $\boldsymbol{y} = [y_1, \ldots, y_N]^T$ を定義し，式 (2.31) の積分変数を $\boldsymbol{x}$ から $\boldsymbol{y}$ へ変換する．$\boldsymbol{y}$ は先に定義した $\boldsymbol{U}$ を用いると，

$$\boldsymbol{y} = \boldsymbol{U}^T (\boldsymbol{x} - \boldsymbol{\mu}) \tag{2.35}$$

と表され，上式の両辺に左から $\boldsymbol{U}$ を乗じれば

$$\boldsymbol{x} = \boldsymbol{U}\boldsymbol{y} + \boldsymbol{\mu} \tag{2.36}$$

が成立する．

したがって，$\boldsymbol{x}$ から $\boldsymbol{y}$ へ変換の際のヤコビアンを $\boldsymbol{J}$ としてその (i, j) 成分を $J_{i,j}$ とすると

$$J_{i,j} = \frac{\partial x_i}{\partial y_j} = U_{i,j} \tag{2.37}$$

である [**問題 2.3**]．ここで，$U_{i,j}$ は行列 $\boldsymbol{U}$ の (i,j) 成分である．したがって，

$$|\boldsymbol{J}|^2 = |\boldsymbol{U}||\boldsymbol{U}^T| = |\boldsymbol{U}||\boldsymbol{U}^{-1}| = |\boldsymbol{I}| = 1 \tag{2.38}$$

を得るので，

$$d\boldsymbol{x} = |\boldsymbol{J}|d\boldsymbol{y} = d\boldsymbol{y} \tag{2.39}$$

である．

ここで，式 (2.34)，(2.39) および (A.37) を用いると，式 (2.31) は

$$\begin{aligned}
&\int_{-\infty}^{\infty} \frac{1}{(2\pi)^{N/2}|\boldsymbol{\Sigma}|^{1/2}} \exp\left[-\frac{1}{2}(\boldsymbol{x}-\boldsymbol{\mu})^T\boldsymbol{\Sigma}^{-1}(\boldsymbol{x}-\boldsymbol{\mu})\right] d\boldsymbol{x} \\
&= \int_{-\infty}^{\infty} \frac{1}{(2\pi)^{N/2}\prod_{j=1}^{N}\lambda_j^{1/2}} \exp\left[-\frac{1}{2}\sum_{j=1}^{N}\frac{y_j^2}{\lambda_j}\right] d\boldsymbol{y} \\
&= \prod_{j=1}^{N}\int_{-\infty}^{\infty} \frac{1}{\sqrt{2\pi\lambda_j}} \exp\left[-\frac{1}{2}\frac{y_j^2}{\lambda_j}\right] dy_j = 1\cdots 1 = 1
\end{aligned} \tag{2.40}$$

となる．式 (2.40) の右辺，積記号の内部にある積分は平均 0 で分散 λ_j の 1 次元正規分布の全積分であり

$$\int_{-\infty}^{\infty} \frac{1}{\sqrt{2\pi\lambda_j}} \exp\left[-\frac{1}{2}\frac{y_j^2}{\lambda_j}\right] dy_j = 1$$

であるので，結局，式 (2.40) の全積分は 1 となる．

次に，多次元正規分布の平均

$$\begin{aligned}
E(\boldsymbol{x}) &= \int_{-\infty}^{\infty} \boldsymbol{x} f(\boldsymbol{x}) d\boldsymbol{x} \\
&= \frac{1}{(2\pi)^{N/2}|\boldsymbol{\Sigma}|^{1/2}} \int_{-\infty}^{\infty} \boldsymbol{x} \exp\left[-\frac{1}{2}(\boldsymbol{x}-\boldsymbol{\mu})^T\boldsymbol{\Sigma}^{-1}(\boldsymbol{x}-\boldsymbol{\mu})\right] d\boldsymbol{x}
\end{aligned} \tag{2.41}$$

を計算してみよう．上式で，$\boldsymbol{z} = \boldsymbol{x} - \boldsymbol{\mu}$ として積分変数を $\boldsymbol{x}$ から $\boldsymbol{z}$ に変更すると，

$$
\begin{aligned}
E(\boldsymbol{x}) &= \frac{1}{(2\pi)^{N/2}|\boldsymbol{\Sigma}|^{1/2}} \int_{-\infty}^{\infty} (\boldsymbol{z}+\boldsymbol{\mu}) \exp\left[-\frac{1}{2}\boldsymbol{z}^T\boldsymbol{\Sigma}^{-1}\boldsymbol{z}\right] d\boldsymbol{z} \\
&= \frac{1}{(2\pi)^{N/2}|\boldsymbol{\Sigma}|^{1/2}} \int_{-\infty}^{\infty} \boldsymbol{z} \exp\left[-\frac{1}{2}\boldsymbol{z}^T\boldsymbol{\Sigma}^{-1}\boldsymbol{z}\right] d\boldsymbol{z} \\
&\quad +\boldsymbol{\mu}\left[\frac{1}{(2\pi)^{N/2}|\boldsymbol{\Sigma}|^{1/2}} \int_{-\infty}^{\infty} \exp\left[-\frac{1}{2}\boldsymbol{z}^T\boldsymbol{\Sigma}^{-1}\boldsymbol{z}\right] d\boldsymbol{z}\right] \qquad (2.42)
\end{aligned}
$$

を得る．上式の右辺第 1 項は，被積分関数が積分変数 $\boldsymbol{z}$ に関して奇関数であるので 0 となる．右辺第 2 項の $[\cdot]$ の中の積分は平均 0，共分散行列 $\boldsymbol{\Sigma}$ の多次元正規分布の全積分を表してるので 1 となる．したがって

$$
E(\boldsymbol{x}) = \int_{-\infty}^{\infty} \boldsymbol{x} f(\boldsymbol{x}) d\boldsymbol{x} = \boldsymbol{\mu} \qquad (2.43)
$$

を示すことができる．

さらに，多次元正規分布 $f(\boldsymbol{x})$ に関して，

$$
E\left[(\boldsymbol{x}-\boldsymbol{\mu})(\boldsymbol{x}-\boldsymbol{\mu})^T\right] = \int_{-\infty}^{\infty} (\boldsymbol{x}-\boldsymbol{\mu})(\boldsymbol{x}-\boldsymbol{\mu})^T f(\boldsymbol{x}) d\boldsymbol{x} = \boldsymbol{\Sigma} \qquad (2.44)
$$

を示すことができる．この証明は以下のように行う．式 (2.44) において，やはり $\boldsymbol{z}=\boldsymbol{x}-\boldsymbol{\mu}$ として積分変数を $\boldsymbol{x}$ から $\boldsymbol{z}$ に変更すると，

$$
E\left[\boldsymbol{z}\boldsymbol{z}^T\right] = \frac{1}{(2\pi)^{N/2}|\boldsymbol{\Sigma}|^{1/2}} \int_{-\infty}^{\infty} \boldsymbol{z}\boldsymbol{z}^T \exp\left[-\frac{1}{2}\boldsymbol{z}^T\boldsymbol{\Sigma}^{-1}\boldsymbol{z}\right] d\boldsymbol{z} \qquad (2.45)
$$

となる．次に，式 (2.40) の場合と全く同様に $y_j = \boldsymbol{u}_j^T\boldsymbol{z}$ とおいて積分変数を $\boldsymbol{z}$ から $\boldsymbol{y}$ へ変換する．ここで $\boldsymbol{z}$ に関しては

$$
\boldsymbol{z}\boldsymbol{z}^T = \sum_{i=1}^{N}\sum_{j=1}^{N} y_i y_j \boldsymbol{u}_i \boldsymbol{u}_j^T \qquad (2.46)
$$

$$
\boldsymbol{z}^T\boldsymbol{\Sigma}^{-1}\boldsymbol{z} = \sum_{k=1}^{N} \frac{y_k^2}{\lambda_k} \qquad (2.47)
$$

を示すことができる [**問題 2.4** および **2.5**].

これらを式 (2.45) に代入し，若干の計算を行うと

$$
E\left[\boldsymbol{z}\boldsymbol{z}^T\right] = \sum_{j=1}^{N}\left[\frac{1}{(2\pi\lambda_j)^{1/2}} \int_{-\infty}^{\infty} y_j^2 \exp\left[-\frac{y_j^2}{2\lambda_j}\right] dy_j\right] \boldsymbol{u}_j \boldsymbol{u}_j^T \qquad (2.48)
$$

を示すことができる [**問題 2.6**]．上式の右辺 $[\cdot]$ の中は平均 0，分散 λ_j を持つスカラー変数 (1 変数) の正規分布における分散を求める式に等しく，この $[\cdot]$ の中は λ_j に等しい．したがって，

$$E\left[\boldsymbol{z}\boldsymbol{z}^T\right] = E\left[(\boldsymbol{x}-\boldsymbol{\mu})(\boldsymbol{x}-\boldsymbol{\mu})^T\right] = \sum_{j=1}^{N} \lambda_j \boldsymbol{u}_j \boldsymbol{u}_j^T = \boldsymbol{\Sigma} \tag{2.49}$$

を得る．

問　題

2.1 式 (2.5) および (2.6) の成立を示せ．

2.2 式 (2.15) の成立を示せ．

2.3 式 (2.37) の成立を示せ．

2.4 式 (2.46) の成立を示せ．

2.5 式 (2.47) の成立を示せ．

2.6 式 (2.48) の成立を示せ．

2.7 確率変数 Z が $Z \sim \mathcal{N}(z|0,1)$ であるとき $X = Z^2$ である確率変数 X の確率密度分布を求めよ．

2.8 確率変数 $X_1, X_2, \ldots, X_N$ は独立で，それぞれ 0 または 1 の値をとる．確率はそれぞれ $P(X_j = 1) = p$ および $P(X_j = 0) = q$ である．$Y = X_1 + \cdots + X_N$ としたとき，N が大きな場合に Y は近似的にどのような分布となるか．中心極限定理を用いて答えよ．

2.9 生涯打率 2 割 8 分の打者が，あるシーズン 300 回打席に立ったとして，3 割を打つ確率はどのくらいか．問題 [2.8] の結果を用いて解け．

第 3 章　推　　定

いよいよ本章から，本書の主題である「確率的な誤差—本書ではノイズと呼ぶ—の混入した観測値からいかにして知りたい情報—信号と呼ばれる—を推定するか」という問題に取り組む．本章では，まず推定解の良さを評価するいくつかの基準を説明した後，未知量の推定において基本となる考え方である最尤推定法について述べる．

3.1　推定量の良さを表す指標

ある未知量を推定する際にいくつかの方法があったとする．これら異なる推定法から得られた推定解のどれを選ぶべきであろうか．また，「どれを選ぶべきか」をどのような基準を用いて決めたらよいであろうか．まず「推定解の良さをどのように評価すべきか」について考えるため，次のような最も簡単な観測データのモデルを仮定しよう．

未知量 θ にノイズと呼ばれる確率的誤差が加法的に重畳するとき，この未知量を N 回繰り返し観測した結果を $X_1, \ldots, X_N$ とすれば，$X_1, \ldots, X_N$ は以下のように表される．

$$
\begin{aligned}
X_1 &= \theta + \varepsilon_1 \\
X_2 &= \theta + \varepsilon_2 \\
&\vdots \\
X_N &= \theta + \varepsilon_N
\end{aligned}
\tag{3.1}
$$

上式で，確率変数 ε_j は j 回目の観測結果に加法的に混入するノイズを表す．ここで，ε_j が確率変数であるため観測値 X_j も確率変数である．ノイズ $\varepsilon_1, \ldots, \varepsilon_N$ は互いに独立で同一な分布を持ち，平均がゼロで分散 σ^2 とする．

このような繰り返し観測において，θ を推定する方法として通常用いられるのは，以下に示す算術平均あるいは相加平均と呼ばれる量

$$\widehat{\theta} = \frac{X_1 + X_2 + \cdots + X_N}{N} \tag{3.2}$$

を計算することであろう[1)]．ここで，θ の推定結果を記号「ハット」をつけた $\widehat{\theta}$ で表す．算術平均は，最も一般的に用いられる推定量であるが，場合によっては異なる推定法も用いられる．例えば，重み付き平均

$$\widehat{\theta} = \frac{W_1X_1 + W_2X_2 + \cdots + W_NX_N}{W_1 + W_2 + \cdots W_N} \tag{3.3}$$

もいろいろな場面でよく用いられる．ここで重み $W_1, W_2, \ldots, W_N$ は，通常，観測値 $X_1, \ldots, X_N$ の重要性や確からしさを反映して決める．ある観測値，例えば x_k がほかの観測値に比べてかなり確からしいと思える場合，その確からしさの主観的尺度に応じて対応する重み W_k を決めることができる．また，外れ値 (outlier) といって，ほかの観測値に比べて飛び離れた値を平均の計算から除くこともよく行われる．これは式 (3.3) において外れ値に対応した重みをゼロとすることに他ならない．

このように，推定方法にいくつかのものが知られていて，それらから得られる推定解が異なる場合，これらの良さ (あるいは悪さ) をどのように評価したらよいであろうか．次節以降において，この推定解の良さを判断する代表的な指標を紹介する．

3.2 不 偏 性

式 (3.2) や (3.3) において明らかなように，推定解 $\widehat{\theta}$ は観測データ $X_1, \ldots, X_N$ を用いて計算される．ここで，観測結果 $X_1, \ldots, X_N$ は確率変数であり，その実現値は確率的な値をとる．したがって，$\widehat{\theta}$ も確率変数 $X_1, \ldots, X_N$ の実現値に応じて確率的にさまざまな値をとる．つまり，$\widehat{\theta}$ も確率変数であり $\widehat{\theta}$ に対し平均や分散を計算することができる．

推定解 $\widehat{\theta}$ の良さを評価する最も重要な基準として，$\widehat{\theta}$ の期待値が真の値 θ

1) 統計の分野では観測結果 $X_1, \ldots, X_N$ を母集団からの標本と考えて標本平均という呼び方が普通に用いられている．

に等しいという性質があげられる．この性質は不偏性 (unbiasness) と呼ばれる．すなわち，推定解 $\widehat{\theta}$ が

$$E(\widehat{\theta}) = \theta \tag{3.4}$$

を満たすとき，$\widehat{\theta}$ は不偏性を持つという．推定解が不偏性を持つとき，推定解は真の値を中心にばらつく．不偏性を持つ推定解を不偏推定量 (unbiased estimator) と呼ぶ．さらに，推定解の期待値と真の値との隔たり $(\theta - E(\widehat{\theta}))^2$ を推定解の偏差 (bias) あるいはバイアスと呼ぶ．

式 (3.2) の算術平均について調べてみると，

$$E(\widehat{\theta}) = E\left(\frac{X_1 + X_2 + \cdots + X_N}{N}\right) = \frac{E(X_1) + E(X_2) + \cdots + E(X_N)}{N} \tag{3.5}$$

である．ここで，

$$E(X_j) = E(\theta + \varepsilon_j) = E(\theta) + E(\varepsilon_j) = \theta$$

であることから，結局，

$$E(\widehat{\theta}) = \theta \tag{3.6}$$

を得る．すなわち，算術平均による推定解 $\widehat{\theta}$ は不偏性を持つことがわかる．

3.3 有 効 性

不偏性は非常に重要な評価基準であるが，それでは 2 つの不偏性を持つ推定解 $\widehat{\theta}_1$ と $\widehat{\theta}_2$ について，この 2 つの推定解の良さを評価する不偏性の次に来る評価基準は何であろうか．両方の推定解とも真の値を中心にばらついているのであるから，当然ながら，今度はばらつきが小さいほうが良い推定解であろう．したがって，

$$V(\widehat{\theta}_1) \leq V(\widehat{\theta}_2) \tag{3.7}$$

が成り立つならば $\widehat{\theta}_1$ は $\widehat{\theta}_2$ よりも良い推定解であろう．式 (3.7) が成り立つ

とき $\widehat{\theta}_1$ は $\widehat{\theta}_2$ よりも有効 (efficient) であるという．不偏推定量のうちで最も分散の小さな推定量を有効推定量 (efficient estimator) と呼ぶ．

不偏性を持たない推定解の場合には，推定結果は真の値とは異なる値を中心に分布する．このときバイアス (推定解の分布の中心と真の値との距離) が大きければ，いくらばらつき (分散) が小さくても意味がないので，一般的には，有効性の概念は不偏性の次に来るもので，不偏推定量にとってのみ意味のあるものと考えられている．しかし，バイアスが分散に比べて小さければ，不偏推定量であっても分散の大きな推定量と，不偏推定量ではなくても分散の小さな推定量と，どちらがより「良い」推定量であるのかは一概には言えない．実際，第5章では，不偏性を若干犠牲にして，分散を低減しようとする方法を紹介する．

3.4　一 致 性

N 個の観測値から信号 θ に関する推定解 $\widehat{\theta}$ を求める場合，観測値の数 N を増せば推定結果の正確さが増す性質を一致性 (consistency) と呼ぶ．すなわち，N 個の観測値から得られた推定解 $\widehat{\theta}$ を N を明示して $\widehat{\theta}_N$ と表すと，

$$\lim_{N\to\infty} \widehat{\theta}_N = \theta \tag{3.8}$$

となる性質を一致性と呼ぶ．ただしこの場合，厳密には N が無限大における収束は確率収束と呼ばれ，上式ではなく

$$\lim_{N\to\infty} P(|\widehat{\theta}_N - \theta| < \epsilon) = 1 \tag{3.9}$$

と表記する．式 (3.9) で ϵ は任意の微小な正の実数であり，式 (3.9) は，どんな小さな ϵ を選んでも，N を十分大きくすれば確率 $P(|\widehat{\theta}_N - \theta| < \epsilon)$ を限りなく1に近づけることができることを意味する．一致性を持つ推定解を一致推定量 (consistent estimator) と呼ぶ．

3.5 最尤推定法

3.5.1 最尤原理

未知量 θ の推定法について説明を始めよう．式 (3.1) に示す繰り返し観測において，$j = 1, 2, \ldots, N$ の観測によって $x_1, x_2, \ldots, x_N$ の観測値が得られたとする．すなわち，各確率変数 $X_1, X_2, \ldots, X_N$ に対して $X_1 = x_1, X_2 = x_2, \ldots, X_N = x_N$ が実現したと考える．この観測値 $x_1, x_2, \ldots, x_N$ から未知量 θ を推定するために，基本的な考え方として「得られた観測結果 x_1, $x_2, \ldots, x_N$ は確率最大のものが実現した」，つまり得られた観測結果は「最も起こりやすいことが起きた」結果と考える．この考え方を最尤原理 (principle of maximum likelihood) と呼ぶ．

最尤原理を用いるためには観測値 X_j に対する確率分布が必要である．観測値 X_j に対する確率分布を $f(x_j|\theta)$ とする．ここで，θ が分布のパラメータとして含まれていることを明示的に示すために $f(x_j|\theta)$ と表記した．ノイズは独立で同一な分布に従うと仮定しているので，観測値を表す確率変数も独立である．したがって，$X_1 = x_1, X_2 = x_2, \ldots, X_N = x_N$ が実現する確率 $P(X_1 = x_1, X_2 = x_2, \ldots, X_N = x_N)$ は，

$$
\begin{aligned}
&P(X_1 = x_1, X_2 = x_2, \ldots, X_N = x_N) \\
&= P(X_1 = x_1)P(X_2 = x_2)\cdots P(X_N = x_N) \\
&= \prod_{j=1}^{N} P(X_j = x_j) = \prod_{j=1}^{N} f(x_j|\theta)
\end{aligned}
\tag{3.10}
$$

となる．上式右辺を確率変数ではなく θ の関数とみて，

$$
\mathcal{L}(\theta) = \prod_{j=1}^{N} f(x_j|\theta) \tag{3.11}
$$

とおく．この $\mathcal{L}(\theta)$ を尤度関数 (likelihood function) と呼ぶ．そして，この $\mathcal{L}(\theta)$ を最大とする θ を未知量 θ の最尤推定解と呼ぶ．すなわち，最尤推定解 $\widehat{\theta}$ は

$$
\widehat{\theta} = \operatorname*{argmax}_{\theta} \mathcal{L}(\theta) \tag{3.12}
$$

である．上式右辺の記号 argmax は，argmax の右側に表記された関数 (この場合は $\mathcal{L}(\theta)$) を最大とする記号の下に表記された変数 (この場合は θ) の意味である．

ところで，正規分布のように指数を含む確率分布の場合，式 (3.12) を直接計算するよりも尤度関数の対数を取った対数尤度関数 (log-likelihood function) を最大とする θ を求める方が計算が著しく簡単になる．つまり，

$$\widehat{\theta} = \underset{\theta}{\mathrm{argmax}} \log \mathcal{L}(\theta) \tag{3.13}$$

として最尤推定解 $\widehat{\theta}$ を求める．対数は単調増加関数なので，尤度関数 $\mathcal{L}(\theta)$ を最大とする θ も対数尤度関数 $\log \mathcal{L}(\theta)$ を最大とする θ も同じ値となる．したがって，このようなことができるのである．

3.5.2　繰り返し計測における最尤推定の例

ここでノイズに正規分布を仮定して，すなわち，

$$\varepsilon_j \sim \mathcal{N}(\varepsilon_j|0, \sigma^2)$$

として，式 (3.1) の観測モデルにおける最尤推定解 $\widehat{\theta}$ を求めてみよう．正規ノイズの仮定より，

$$f(x_j|\theta) = \mathcal{N}(x_j|\theta, \sigma^2) = \frac{1}{\sqrt{2\pi}\sigma} e^{-\frac{(x_j-\theta)^2}{2\sigma^2}} \tag{3.14}$$

であり，式 (3.11) に代入すれば，尤度関数は

$$\mathcal{L}(\theta) = \prod_{j=1}^{N} \frac{1}{\sqrt{2\pi}\sigma} e^{-\frac{(x_j-\theta)^2}{2\sigma^2}} \tag{3.15}$$

として求まる．したがって，対数尤度関数は

$$\log \mathcal{L}(\theta) = -\sum_{j=1}^{N} \frac{(x_j-\theta)^2}{2\sigma^2} + N \log\left(\frac{1}{\sqrt{2\pi}\sigma}\right) \tag{3.16}$$

となる．

$\log \mathcal{L}(\theta)$ を最大とする θ を求めるには，式 (3.16) の右辺を θ で微分して 0 とおいて求める．すなわち，

$$\begin{aligned}\frac{\partial}{\partial\theta}\log\mathcal{L}(\theta) &= -\frac{\partial}{\partial\theta}\left[\sum_{j=1}^{N}\frac{(x_j-\theta)^2}{2\sigma^2} + N\log\left(\frac{1}{\sqrt{2\pi}\sigma}\right)\right] \\ &= \frac{1}{\sigma^2}\sum_{j=1}^{N}(x_j-\theta) = 0 \end{aligned} \tag{3.17}$$

であるので，結局，最尤推定解として

$$\widehat{\theta} = \frac{1}{N}\sum_{j=1}^{N} x_j \tag{3.18}$$

を得る．式 (3.18) は式 (3.2) と同じ算術平均である．つまり，算術平均を計算する根拠が最尤原理から来ていることを式 (3.18) は示している．

次に，式 (3.1) の観測モデルにおいてノイズの分散も未知である場合について考えてみよう．この場合，ノイズの分散も未知パラメータ φ として，ノイズを表す確率変数 ε_j の確率分布を

$$\varepsilon_j \sim \mathcal{N}(\varepsilon_j|0,\varphi)$$

とおく．すると尤度関数は

$$\mathcal{L}(\theta,\varphi) = \prod_{j=1}^{N}\frac{1}{\sqrt{2\pi\varphi}}e^{-\frac{(x_j-\theta)^2}{2\varphi}} \tag{3.19}$$

であり，対数尤度関数は

$$\log\mathcal{L}(\theta,\varphi) = -\sum_{j=1}^{N}\frac{(x_j-\theta)^2}{2\varphi} - \frac{N}{2}\log\varphi - \frac{N}{2}\log(2\pi) \tag{3.20}$$

となる．

まず θ に関しては，上式を θ について微分して 0 とおけば式 (3.18) と全く同じ算術平均の解が求まる．さらに，φ について微分して 0 とおくと

$$\frac{\partial}{\partial\varphi}\log\mathcal{L}(\theta,\varphi) = \sum_{j=1}^{N}\frac{(x_j-\theta)^2}{2\varphi^2} - \frac{N}{2\varphi} = 0 \tag{3.21}$$

を得ることができ，結局，φ の最尤推定解として，

$$\widehat{\varphi} = \frac{1}{N}\sum_{j=1}^{N}(x_j - \theta)^2 \tag{3.22}$$

を得る．式 (3.18) に示す最尤推定解 $\widehat{\theta}$ を上式の θ に代入した

$$\widehat{\varphi} = \frac{1}{N}\sum_{j=1}^{N}(x_j - \widehat{\theta})^2 \tag{3.23}$$

を標本分散と呼ぶ．この標本分散は不偏性の性質を持たないことが知られていて [**問題 3.1**]，ノイズの分散の推定には不偏推定量である

$$\widetilde{\varphi} = \frac{1}{N-1}\sum_{j=1}^{N}(x_j - \widehat{\theta})^2 \tag{3.24}$$

が用いられる場合も多い．式 (3.24) は不偏分散と呼ばれる．

3.5.3 ベクトル型確率変数における統計量の最尤推定

次にベクトル型確率変数の場合の統計量の最尤推定を行ってみよう．N 個の確率変数を含む列ベクトル $\boldsymbol{x}$ を考える．$\boldsymbol{x}$ は N 次元の信号 $\boldsymbol{\theta}$ と N 次元のノイズ $\boldsymbol{\varepsilon}$ の和

$$\boldsymbol{x} = \boldsymbol{\theta} + \boldsymbol{\varepsilon} \tag{3.25}$$

で表されるとする．この時，ノイズは平均ゼロで共分散行列 $\boldsymbol{\Sigma}$ の N 次元の正規分布に従うとする．すなわち，

$$f(\boldsymbol{\varepsilon}) = \mathcal{N}(\boldsymbol{\varepsilon}|\boldsymbol{0}, \boldsymbol{\Sigma}) \tag{3.26}$$

である．ここで確率変数 $\boldsymbol{x}$ を K 回観測し，独立な観測結果 $\boldsymbol{x}_1, \boldsymbol{x}_2, \ldots, \boldsymbol{x}_K$ を得たとしよう．この観測結果から信号 $\boldsymbol{\theta}$ とノイズの共分散行列 $\boldsymbol{\Sigma}$ の最尤推定解を求めてみよう．まず，$\boldsymbol{x}$ の確率分布は

$$f(\boldsymbol{x}) = \frac{1}{(2\pi)^{N/2}|\boldsymbol{\Sigma}|^{1/2}}\exp\left[-\frac{1}{2}(\boldsymbol{x}-\boldsymbol{\theta})^T\boldsymbol{\Sigma}^{-1}(\boldsymbol{x}-\boldsymbol{\theta})\right] \tag{3.27}$$

であるので，観測結果 $\boldsymbol{x}_1, \boldsymbol{x}_2, \ldots, \boldsymbol{x}_K$ に対する尤度は式 (3.27) を用いて

$$\mathcal{L}(\boldsymbol{\theta}, \boldsymbol{\Sigma}) = \prod_{j=1}^{K} f(\boldsymbol{x}_j) \tag{3.28}$$

となる．したがって対数尤度は

$$\begin{aligned}\log \mathcal{L}(\boldsymbol{\theta}, \boldsymbol{\Sigma}) &= \sum_{j=1}^{K} \log f(\boldsymbol{x}_j) \\ &= -\frac{1}{2} K \log |\boldsymbol{\Sigma}| - \frac{1}{2} \sum_{j=1}^{K} (\boldsymbol{x}_j - \boldsymbol{\theta})^T \boldsymbol{\Sigma}^{-1} (\boldsymbol{x}_j - \boldsymbol{\theta}) \end{aligned} \tag{3.29}$$

となる．ここで，計算に関係のない定数項は省略した．

$\boldsymbol{\theta}$ の最尤推定解 $\widehat{\boldsymbol{\theta}}$ を求めるために $\log \mathcal{L}(\boldsymbol{\theta}, \boldsymbol{\Sigma})$ を $\boldsymbol{\theta}$ で微分してゼロとおくと，

$$\begin{aligned}\frac{\partial \log \mathcal{L}(\boldsymbol{\theta}, \boldsymbol{\Lambda})}{\partial \boldsymbol{\theta}} &= -\frac{1}{2} \frac{\partial}{\partial \boldsymbol{\theta}} \sum_{j=1}^{K} (\boldsymbol{x}_j - \boldsymbol{\theta})^T \boldsymbol{\Sigma}^{-1} (\boldsymbol{x}_j - \boldsymbol{\theta}) \\ &= \sum_{j=1}^{K} \boldsymbol{\Sigma}^{-1} (\boldsymbol{x}_j - \boldsymbol{\theta}) = \boldsymbol{0} \end{aligned} \tag{3.30}$$

を得る．上式より最尤推定解 $\widehat{\boldsymbol{\theta}}$ として

$$\widehat{\boldsymbol{\theta}} = \frac{1}{K} \sum_{j=1}^{K} \boldsymbol{x}_j \tag{3.31}$$

を得る．これは観測データの算術平均であり，スカラー変数の場合と同じものが得られた．

次に，共分散行列 $\boldsymbol{\Sigma}$ の最尤推定解 $\widehat{\boldsymbol{\Sigma}}$ を求めてみよう．計算の簡便さのため，式 (3.29) の対数尤度を $\boldsymbol{\Sigma}$ ではなく，$\boldsymbol{\Sigma}$ の逆行列を $\boldsymbol{\Lambda}$ とおき，$\boldsymbol{\Lambda}$ で表してみよう．すると，対数尤度は

$$\log \mathcal{L}(\boldsymbol{\theta}, \boldsymbol{\Lambda}) = \frac{1}{2} K \log |\boldsymbol{\Lambda}| - \frac{1}{2} \sum_{j=1}^{K} (\boldsymbol{x}_j - \boldsymbol{\theta})^T \boldsymbol{\Lambda} (\boldsymbol{x}_j - \boldsymbol{\theta}) \tag{3.32}$$

となり (計算に関係のない定数項は省略した)，$\boldsymbol{\Lambda}$ の最尤推定解を求めるために上式を $\boldsymbol{\Lambda}$ で微分してゼロとおくと，式 (A.22) と式 (A.21) を用いれば

$$\frac{\partial \log \mathcal{L}(\boldsymbol{\theta}, \boldsymbol{\Lambda})}{\partial \boldsymbol{\Lambda}} = \frac{1}{2}\left[K\boldsymbol{\Lambda}^{-1} - \sum_{j=1}^{K}(\boldsymbol{x}_j - \boldsymbol{\theta})(\boldsymbol{x}_j - \boldsymbol{\theta})^T\right] = \mathbf{0} \tag{3.33}$$

となる．したがって，$\boldsymbol{\Lambda}^{-1}$ の最尤推定解，すなわち $\boldsymbol{\Sigma}$ の最尤推定解 $\widehat{\boldsymbol{\Sigma}}$ は

$$\widehat{\boldsymbol{\Sigma}} = \frac{1}{K}\sum_{j=1}^{K}(\boldsymbol{x}_j - \boldsymbol{\theta})(\boldsymbol{x}_j - \boldsymbol{\theta})^T \tag{3.34}$$

となる．上式の $\widehat{\boldsymbol{\Sigma}}$ は標本共分散行列と呼ばれる．

問　題

3.1 標本分散

$$\widehat{\varphi} = \frac{1}{N}\sum_{j=1}^{N}(X_j - \widehat{\theta})^2$$

が不偏性の性質を持たないことを示せ．また，式 (3.24) の不偏分散は不偏性の性質を持つことを示せ．

3.2 平均 μ，分散 σ^2 の正規分布をする独立な確率変数 X_1 と X_2 を用いて，μ の推定値 $\widehat{\mu}$ を

$$\widehat{\mu} = aX_1 + bX_2$$

と求めた．(1) $\widehat{\mu}$ が不偏推定量である条件を求めよ．(2) $\widehat{\mu}$ が不偏推定量であるもののうち，分散が最小の推定量を求めよ．

3.3 ある池の中に何匹の魚がいるかを推定したい．まず，その池から A 匹の魚を捕まえて印をつけ再び池に放す．次に，その池から B 匹の魚を捕まえて，その中の何匹に印が付いているか数え，また池に戻す計測を n 回行い，実験結果 $x_1, \ldots, x_n$ を得た．最尤法により池の中の魚の数を推定せよ．ここで，印のついている魚の数 x に対する確率分布は以下の二項分布を仮定せよ．

$$f(x) = {}_BC_x p^x (1-p)^{B-x}$$

まず，最尤法で p を推定し，池の中の魚の数を ξ として $p = A/\xi$ が成り立つことから ξ を求めよ．

3.4 ある交差点では 1 ヶ月に平均して，m 件の交通事故がある．この交差点を n ヶ月観察し，第 j ヶ月目に起こった交通事故の件数を x_j とする．m の最尤推定量を求めよ．1 ヶ月の交通事故の件数 x は以下のポアソン分布に従うとする．

$$f(x) = e^{-m}\frac{m^x}{x!}$$

3.5 2 組の観測データ $x_i = \mu_1 + \varepsilon_i$，$i = 1, \ldots, N$ と $y_j = \mu_2 + \varepsilon_j$，$j = 1, \ldots, M$ を観測した．ノイズ ε_i と ε_j は独立で同一な正規ノイズで，平均 0，分散 σ^2 であるとする．μ_1，μ_2 および σ^2 の最尤推定解を求めよ．

第 4 章　線形最小二乗法

本章では，観測データのモデルとして線形離散モデルを定義し，これに前章で述べた最尤法を適用することにより最小二乗法を導く．さらに最小二乗法の解の性質について解説し，最小二乗解が不偏性を持つこと，また不偏推定量の中では最も分散の小さな，いわゆる最良線形不偏推定量 (BLUE) であることを示す．

4.1　線形離散モデル

本当は $x_1, x_2, \ldots, x_N$ を観測したいのだが，これらは直接観測できず，代わりに一群の観測データ $y_1, y_2, \ldots, y_M$ が得られる状況を考えよう．知りたい量 $x_1, x_2, \ldots, x_N$ を観測結果 $y_1, y_2, \ldots, y_M$ から推定することが必要になる．この推定問題を考察するため，まず未知量と観測データを次の列ベクトル $\boldsymbol{x}$ と $\boldsymbol{y}$ で表現しよう．すなわち，

$$\text{未知量:}\quad \boldsymbol{x} = \begin{bmatrix} x_1 \\ x_2 \\ \vdots \\ x_N \end{bmatrix} \qquad \text{観測データ:}\quad \boldsymbol{y} = \begin{bmatrix} y_1 \\ y_2 \\ \vdots \\ y_M \end{bmatrix} \tag{4.1}$$

と定義する．この $\boldsymbol{x}$ は未知量ベクトルあるいは解ベクトル，$\boldsymbol{y}$ は観測ベクトルあるいはデータベクトルと呼ばれる．また，ベクトル $\boldsymbol{x}$ の集合は解空間 (solution space)，ベクトル $\boldsymbol{y}$ の集合は観測空間 (observation space) と呼ばれる．

ベクトル $\boldsymbol{x}$ とベクトル $\boldsymbol{y}$ は線形な関係

$$\boldsymbol{y} = \boldsymbol{H}\boldsymbol{x} \tag{4.2}$$

で結ばれているとする．ここで，$\boldsymbol{H}$ は未知量 $\boldsymbol{x}$ と観測結果 $\boldsymbol{y}$ を結びつける

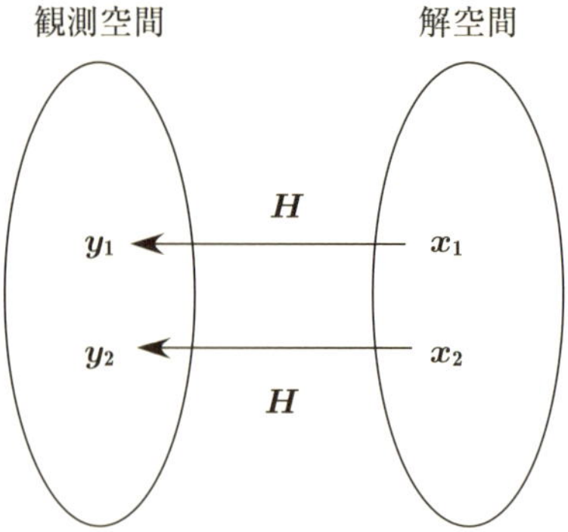

図 4.1　線形離散モデルにおける $\boldsymbol{x}$ と $\boldsymbol{y}$ の関係を模式的に表した図．ベクトル $\boldsymbol{x}_1$ が行列 $\boldsymbol{H}$ によりベクトル $\boldsymbol{y}_1$ に，ベクトル $\boldsymbol{x}_2$ がベクトル $\boldsymbol{y}_2$ に変換される．ベクトル $\boldsymbol{x}$ の集合を解空間，ベクトル $\boldsymbol{y}$ の集合を観測空間と呼ぶ．

$M \times N$ の行列である．これらの関係は概念的に図 **4.1** に示すようなものになる．行列 $\boldsymbol{H}$ は解空間のある要素 $\boldsymbol{x}$ を観測空間のある要素 $\boldsymbol{y}$ に変換する写像であると考えることができる．本書では未知量 $\boldsymbol{x}$ と観測データ $\boldsymbol{y}$ は共に実数であり，$\boldsymbol{H}$ も実数行列であるとする．

観測結果には式 (4.2) で表される信号成分に加法的にノイズ $\boldsymbol{\varepsilon}$ が重畳すると仮定しよう．観測データのモデルは

$$\boldsymbol{y} = \boldsymbol{H}\boldsymbol{x} + \boldsymbol{\varepsilon} \tag{4.3}$$

となる．ノイズベクトル $\boldsymbol{\varepsilon}$ は

$$\boldsymbol{\varepsilon} = \begin{bmatrix} \varepsilon_1 \\ \varepsilon_2 \\ \vdots \\ \varepsilon_M \end{bmatrix} \tag{4.4}$$

であり，j 番目の要素 ε_j は j 番目の観測結果 y_j に重畳するノイズを表す．式 (4.3) で表される観測モデルを線形離散モデルと呼ぶ．

未知量と観測結果については未知量 $\boldsymbol{x}$ が原因で観測結果 $\boldsymbol{y}$ を生じたと解釈することもできる．この時，原因 $\boldsymbol{x}$ を与えて結果を推定する問題は「順問題」(forward problem) と呼ばれる．順問題は行列 $\boldsymbol{H}$ を推定する問題と等価である．反対に観測結果 $\boldsymbol{y}$ を得て，この結果を生じさせた原因 $\boldsymbol{x}$ を推

定することを「逆問題」(inverse problem) と呼ぶ．特に，$\boldsymbol{x}$ と $\boldsymbol{y}$ が式 (4.3) のように線形な関係式で結ばれている場合，「線形逆問題」と呼ぶ．

科学技術の種々の分野において，多くの問題が式 (4.3) のように定式化される．医療現場で日常使われる X 線 CT スキャナーが典型的な例であろう．X 線 CT スキャナーでは人体の周囲 360 度方向で計測した X 線の減衰データから人体断面の X 線吸収係数分布を推定し，画像として表示する．このとき，X 線の減衰データの対数を取って得られる投影データと，断面の X 線吸収係数分布は式 (4.3) のような線形な関係で記述される．

逆問題が解ける重要な要素として，順問題が解けている (つまり $\boldsymbol{H}$ が既知である) ことが必要である．順問題，すなわち $\boldsymbol{H}$ を導くことは個々の応用における物理現象に依存する．例えば，前述の X 線 CT スキャナーの例では X 線源，検出器と画像再構成時の画素の幾何学的な位置関係で $\boldsymbol{H}$ が決定される．本書においては個別の応用には立ち入らず，この順問題は解けている，すなわち，$\boldsymbol{H}$ は既知であると仮定して議論を進める[1)]．

さらに，未知量 $\boldsymbol{x}$ と観測結果 $\boldsymbol{y}$ に含まれるパラメータの数 N と M に注目してみよう．$M > N$ であるとき，この逆問題は優決定 (over-determined) と言われる．また反対に $M < N$ であるとき，この逆問題は劣決定 (under-determined) と言われる．優決定の場合とは，推定すべき未知数の数より観測データの数の方が多い場合である．反対に，劣決定の場合とは，観測データの数より推定すべき未知数の方が多い場合である．一般的に，当然ながら劣決定の場合の方が優決定の場合よりも問題は難しくなる．本書では第 5.4 節以外では優決定系を，すなわち $M > N$ を仮定する．また，第 5.4 節において劣決定系の場合の推定法について解説する．

4.2　線形最小二乗法の導出

さて，未知量 $\boldsymbol{x}$ と観測結果 $\boldsymbol{y}$ が式 (4.3) に示す線形な関係で結ばれている場合，$\boldsymbol{x}$ の最尤推定解を求めてみよう．ノイズ $\boldsymbol{\varepsilon}$ に多次元正規分布 $\mathcal{N}(\boldsymbol{\varepsilon}|\boldsymbol{0}, \sigma^2 \boldsymbol{I})$ を仮定する．すなわち，観測データに重畳するノイズは独立

1) 第 6 章で述べるセンサーアレイ信号処理では，$\boldsymbol{H}$ は未知であると仮定する．

で，平均 0，全て同じ分散 σ^2 を持つとする．ノイズ $\boldsymbol{\varepsilon}$ の確率密度分布は式 (2.28) から

$$f(\boldsymbol{\varepsilon}) = \frac{1}{(2\pi\sigma^2)^{M/2}} \exp\left[-\frac{1}{2\sigma^2}\|\boldsymbol{\varepsilon}\|^2\right] \tag{4.5}$$

となる．このノイズモデルのもとで観測結果 $\boldsymbol{y}$ の確率分布は

$$f(\boldsymbol{y}) = \frac{1}{(2\pi\sigma^2)^{M/2}} \exp\left[-\frac{1}{2\sigma^2}\|\boldsymbol{y} - \boldsymbol{H}\boldsymbol{x}\|^2\right] \tag{4.6}$$

であり，未知量 $\boldsymbol{x}$ に対する対数尤度関数 $\log \mathcal{L}(\boldsymbol{x})$ は

$$\log \mathcal{L}(\boldsymbol{x}) = \log f(\boldsymbol{y}) = -\frac{1}{2\sigma^2}\|\boldsymbol{y} - \boldsymbol{H}\boldsymbol{x}\|^2 + \mathcal{C} \tag{4.7}$$

となる．式 (4.7) の右辺にある $\mathcal{C}$ は $\boldsymbol{x}$ を含まない (以降の計算に関係のない) 定数項をまとめて表す．したがって，式 (4.7) より対数尤度関数を最大とする $\boldsymbol{x}$ は

$$\mathcal{F} = \|\boldsymbol{y} - \boldsymbol{H}\boldsymbol{x}\|^2 \tag{4.8}$$

とおいた $\mathcal{F}$ を最小とする $\boldsymbol{x}$ に等しいことになる．すなわち，最尤推定解 $\widehat{\boldsymbol{x}}$ は

$$\widehat{\boldsymbol{x}} = \underset{\boldsymbol{x}}{\operatorname{argmin}} \mathcal{F} = \underset{\boldsymbol{x}}{\operatorname{argmin}} \|\boldsymbol{y} - \boldsymbol{H}\boldsymbol{x}\|^2 \tag{4.9}$$

として求めることができる．式 (4.8) の $\mathcal{F}$ を最小二乗のコスト関数と呼び，この最小二乗のコスト関数 $\mathcal{F}$ を最小にする $\boldsymbol{x}$ を，未知量ベクトル $\boldsymbol{x}$ の最適推定解として求めることを最小二乗法 (method of least-squares) と呼ぶ．

4.3　線形最小二乗法の解

最小二乗のコスト関数 $\mathcal{F}$ を最小にする $\boldsymbol{x}$ を求めてみよう．$\mathcal{F}$ は改めて

$$\begin{aligned}\mathcal{F} &= \|\boldsymbol{y} - \boldsymbol{H}\boldsymbol{x}\|^2 = (\boldsymbol{y} - \boldsymbol{H}\boldsymbol{x})^T (\boldsymbol{y} - \boldsymbol{H}\boldsymbol{x}) \\ &= \boldsymbol{y}^T\boldsymbol{y} - \boldsymbol{x}^T\boldsymbol{H}^T\boldsymbol{y} - \boldsymbol{y}^T\boldsymbol{H}\boldsymbol{x} + \boldsymbol{x}^T\boldsymbol{H}^T\boldsymbol{H}\boldsymbol{x}\end{aligned} \tag{4.10}$$

と書くことができる．この $\mathcal{F}$ を最小とする $\boldsymbol{x}$ を求めるため，$\mathcal{F}$ を $\boldsymbol{x}$ で微分する．まず，式 (A.14) を用いて

$$\frac{\partial}{\partial \boldsymbol{x}}\left(\boldsymbol{x}^T\boldsymbol{H}^T\boldsymbol{y}\right) = \boldsymbol{H}^T\boldsymbol{y} \tag{4.11}$$

$$\frac{\partial}{\partial \boldsymbol{x}}\left(\boldsymbol{y}^T\boldsymbol{H}\boldsymbol{x}\right) = \left(\boldsymbol{y}^T\boldsymbol{H}\right)^T = \boldsymbol{H}^T\boldsymbol{y} \tag{4.12}$$

また，$\boldsymbol{H}^T\boldsymbol{H}$ が対称行列であることを考慮して式 (A.15) を用いれば

$$\frac{\partial}{\partial \boldsymbol{x}}\left(\boldsymbol{x}^T\boldsymbol{H}^T\boldsymbol{H}\boldsymbol{x}\right) = 2\boldsymbol{H}^T\boldsymbol{H}\boldsymbol{x} \tag{4.13}$$

を得る．したがって，$\mathcal{F}$ を $\boldsymbol{x}$ で微分し，ゼロとおくと，

$$\frac{\partial \mathcal{F}}{\partial \boldsymbol{x}} = -\boldsymbol{H}^T\boldsymbol{y} - \left(\boldsymbol{y}^T\boldsymbol{H}\right)^T + 2\boldsymbol{H}^T\boldsymbol{H}\boldsymbol{x} = 2\left(-\boldsymbol{H}^T\boldsymbol{y} + \boldsymbol{H}^T\boldsymbol{H}\boldsymbol{x}\right) = 0 \tag{4.14}$$

となるので，最適解 $\widehat{\boldsymbol{x}}$ は

$$\widehat{\boldsymbol{x}} = \left(\boldsymbol{H}^T\boldsymbol{H}\right)^{-1}\boldsymbol{H}^T\boldsymbol{y} \tag{4.15}$$

と求まる．式 (4.15) が式 (4.8) で表される最小二乗のコスト関数 $\mathcal{F}$ を最小とする $\boldsymbol{x}$ を表し，最小二乗解 (least-squares solution) と呼ばれる．

最小二乗法を，式 (3.1) に示す簡単な繰り返し観測のモデルに当てはめて最小二乗解を導いてみよう．式 (3.1) において確率変数 $X_1, \ldots, X_N$ を観測データ $y_1, y_2, \ldots, y_M$ で置き換えてみると，この繰り返し観測モデルは，

$$\begin{aligned} y_1 &= \theta + \varepsilon_1 \\ y_2 &= \theta + \varepsilon_2 \\ &\vdots \\ y_M &= \theta + \varepsilon_M \end{aligned} \quad \Longrightarrow \quad \begin{bmatrix} y_1 \\ y_2 \\ \vdots \\ y_M \end{bmatrix} = \begin{bmatrix} 1 \\ 1 \\ \vdots \\ 1 \end{bmatrix} \theta + \begin{bmatrix} \varepsilon_1 \\ \varepsilon_2 \\ \vdots \\ \varepsilon_M \end{bmatrix} \tag{4.16}$$

と表現できる．したがって，

$$\boldsymbol{y} = \begin{bmatrix} y_1 \\ y_2 \\ \vdots \\ y_M \end{bmatrix}, \qquad \boldsymbol{H} = \begin{bmatrix} 1 \\ 1 \\ \vdots \\ 1 \end{bmatrix}, \qquad \boldsymbol{\varepsilon} = \begin{bmatrix} \varepsilon_1 \\ \varepsilon_2 \\ \vdots \\ \varepsilon_M \end{bmatrix}$$

とすれば，式 (4.16) は

$$\boldsymbol{y} = \boldsymbol{H}\theta + \boldsymbol{\varepsilon} \tag{4.17}$$

と表され，線形離散モデルで表記できる．したがって，最小二乗解 $\widehat{\theta}$ は式 (4.15) を用いて，

$$\widehat{\theta} = \left([1, 1, \ldots, 1]\begin{bmatrix} 1 \\ 1 \\ \vdots \\ 1 \end{bmatrix}\right)^{-1}[1, 1, \ldots, 1]\begin{bmatrix} y_1 \\ y_2 \\ \vdots \\ y_M \end{bmatrix} = M^{-1}\sum_{j=1}^{M} y_j \tag{4.18}$$

となり，算術平均の式を得る．第 3 章で述べたように，式 (3.1) の繰り返し計測モデルにおける最尤推定解は算術平均である．また，最小二乗解は最尤推定解であるので，当然のことながら，式 (4.18) の結果はこれと一致したものとなっている．上の例でわかるように，行列 $\boldsymbol{H}$ を決めることができれば，公式 (4.15) を用いることにより，確率分布の具体的な形を用いて計算を行うことなく，簡便に最尤推定解を求めることができる．

4.4　最小二乗解の不偏性

まず，最小二乗解の不偏性を調べてみよう．式 (4.15) に式 (4.3) を代入すると，

$$\begin{aligned}\widehat{\boldsymbol{x}} &= (\boldsymbol{H}^T\boldsymbol{H})^{-1}\boldsymbol{H}^T(\boldsymbol{H}\boldsymbol{x} + \boldsymbol{\varepsilon}) = (\boldsymbol{H}^T\boldsymbol{H})^{-1}\boldsymbol{H}^T\boldsymbol{H}\boldsymbol{x} + (\boldsymbol{H}^T\boldsymbol{H})^{-1}\boldsymbol{H}^T\boldsymbol{\varepsilon} \\ &= \boldsymbol{x} + (\boldsymbol{H}^T\boldsymbol{H})^{-1}\boldsymbol{H}^T\boldsymbol{\varepsilon}\end{aligned} \tag{4.19}$$

したがって，上式の両辺の期待値を取ると

$$E(\widehat{\boldsymbol{x}}) = E\left[\boldsymbol{x} + (\boldsymbol{H}^T\boldsymbol{H})^{-1}\boldsymbol{H}^T\boldsymbol{\varepsilon}\right] = \boldsymbol{x} + (\boldsymbol{H}^T\boldsymbol{H})^{-1}\boldsymbol{H}^T E(\boldsymbol{\varepsilon}) = \boldsymbol{x} \tag{4.20}$$

を得る．つまり，最小二乗解の期待値は真の値であり，最小二乗解は不偏性を持つ．

次に最小二乗解の分散，すなわち，解の共分散行列 $\boldsymbol{\Sigma}_x$ を求めてみよう．$E(\widehat{\boldsymbol{x}}) = \boldsymbol{x}$ であるので，式 (4.19) を用いて

$$
\begin{aligned}
\boldsymbol{\Sigma}_x &= E\left[(\widehat{\boldsymbol{x}}-\boldsymbol{x})(\widehat{\boldsymbol{x}}-\boldsymbol{x})^T\right] \\
&= E\left[(\boldsymbol{H}^T\boldsymbol{H})^{-1}\boldsymbol{H}^T\boldsymbol{\varepsilon}\left((\boldsymbol{H}^T\boldsymbol{H})^{-1}\boldsymbol{H}^T\boldsymbol{\varepsilon}\right)^T\right] = \sigma^2(\boldsymbol{H}^T\boldsymbol{H})^{-1} \qquad (4.21)
\end{aligned}
$$

を得る [**問題 4.1**]．ここで，$E(\boldsymbol{\varepsilon}\boldsymbol{\varepsilon}^T) = \sigma^2\boldsymbol{I}$ の関係を用いた．式 (4.21) は推定解 $\widehat{\boldsymbol{x}}$ の分散が観測データにおけるノイズの分散 σ^2 を $(\boldsymbol{H}^T\boldsymbol{H})^{-1}$ 倍したものであることを示している．これは最小二乗推定の過程の中でノイズが $(\boldsymbol{H}^T\boldsymbol{H})^{-1}$ 倍されることを意味しており，$(\boldsymbol{H}^T\boldsymbol{H})^{-1}$ は最小二乗解のノイズゲインと解釈できる．最小二乗解のノイズゲインについては次章でさらに詳細な議論を行う．

4.5 最良線形不偏推定量

前節では最小二乗解が不偏推定量であることを述べたが，解の有効性はどうであろうか．本節では最小二乗解が不偏推定量の中で最も分散の小さな推定解，すなわち有効推定量であることを示そう．ここでの議論は文献 2 を参考にした．この証明のため，最小二乗解 $\widehat{\boldsymbol{x}} = (\boldsymbol{H}^T\boldsymbol{H})^{-1}\boldsymbol{H}^T\boldsymbol{y}$ とは別に任意の線形不偏推定量 $\widetilde{\boldsymbol{x}} = \boldsymbol{W}^T\boldsymbol{y}$ を考える．そして，$\boldsymbol{B}^T = (\boldsymbol{H}^T\boldsymbol{H})^{-1}\boldsymbol{H}^T - \boldsymbol{W}^T$ とおく．すると，

$$
\widehat{\boldsymbol{x}} - \widetilde{\boldsymbol{x}} = \left[(\boldsymbol{H}^T\boldsymbol{H})^{-1}\boldsymbol{H}^T - \boldsymbol{W}^T\right]\boldsymbol{y} = \boldsymbol{B}^T\boldsymbol{y} \qquad (4.22)
$$

となる．上式の両辺の期待値を取ると，$E(\boldsymbol{y}) = \boldsymbol{H}\boldsymbol{x}$ を用いれば，

$$
E\left(\widehat{\boldsymbol{x}} - \widetilde{\boldsymbol{x}}\right) = \boldsymbol{B}^T E(\boldsymbol{y}) = \boldsymbol{B}^T\boldsymbol{H}\boldsymbol{x} = \boldsymbol{0} \qquad (4.23)
$$

を得る．上式が任意の $\boldsymbol{x}$ に対して成立するので

$$
\boldsymbol{B}^T\boldsymbol{H} = \boldsymbol{0} \qquad (4.24)
$$

が成り立つ．

次に，最小二乗解 $\widehat{\boldsymbol{x}}$ に対する共分散行列を $\boldsymbol{\Sigma}_x$，線形不偏推定解 $\widetilde{\boldsymbol{x}}$ に対する共分散行列を $\widetilde{\boldsymbol{\Sigma}_x}$ とおく．式 (4.22) を用いれば，

$$\begin{aligned}\widetilde{\boldsymbol{\Sigma}}_x &= E\left[(\widetilde{\boldsymbol{x}}-\boldsymbol{x})(\widetilde{\boldsymbol{x}}-\boldsymbol{x})^T\right] = E\left[(\widehat{\boldsymbol{x}}-\boldsymbol{x}-\boldsymbol{B}^T\boldsymbol{y})(\widehat{\boldsymbol{x}}-\boldsymbol{x}-\boldsymbol{B}^T\boldsymbol{y})^T\right] \\ &= E\left[(\widehat{\boldsymbol{x}}-\boldsymbol{x})(\widehat{\boldsymbol{x}}-\boldsymbol{x})^T\right] - 2E\left[\boldsymbol{B}^T\boldsymbol{y}(\widehat{\boldsymbol{x}}-\boldsymbol{x})^T\right] + E\left[\boldsymbol{B}^T\boldsymbol{y}\boldsymbol{y}^T\boldsymbol{B}\right] \\ &= \boldsymbol{\Sigma}_x - 2E\left[\boldsymbol{B}^T\boldsymbol{y}(\widehat{\boldsymbol{x}}-\boldsymbol{x})^T\right] + E\left[\boldsymbol{B}^T\boldsymbol{y}\boldsymbol{y}^T\boldsymbol{B}\right] \qquad (4.25)\end{aligned}$$

を得る．式 (4.25) の右辺最終行の第 2 項を詳しく見てみると，

$$E\left[\boldsymbol{B}^T\boldsymbol{y}(\widehat{\boldsymbol{x}}-\boldsymbol{x})^T\right] = \sigma^2\boldsymbol{B}^T\boldsymbol{H}(\boldsymbol{H}^T\boldsymbol{H})^{-1} \qquad (4.26)$$

を示すことができる [**問題 4.2**]．したがって，式 (4.24) より，この項はゼロとなる．また，式 (4.25) の最終行の第 3 項は，やはり式 (4.24) の関係を用いれば

$$E\left[\boldsymbol{B}^T\boldsymbol{y}\boldsymbol{y}^T\boldsymbol{B}\right] = E\left[\boldsymbol{B}^T\boldsymbol{\varepsilon}\boldsymbol{\varepsilon}^T\boldsymbol{B}\right] = \boldsymbol{B}^T E(\boldsymbol{\varepsilon}\boldsymbol{\varepsilon}^T)\boldsymbol{B} = \sigma^2\boldsymbol{B}^T\boldsymbol{B} \qquad (4.27)$$

となる．以上のことから

$$\widetilde{\boldsymbol{\Sigma}}_x = \boldsymbol{\Sigma}_x + \sigma^2\boldsymbol{B}^T\boldsymbol{B} \qquad (4.28)$$

が成り立つ．式 (4.28) の右辺と左辺の対角成分を比較しよう．右辺第 2 項の対角成分は必ず非負の値を持つので，

$$\widetilde{\boldsymbol{\Sigma}}_x \text{ の任意の対角成分} \geq \boldsymbol{\Sigma}_x \text{ の対応する対角成分}$$

が必ず成り立ち，したがって，最小二乗解 $\widehat{\boldsymbol{x}}$ の分散は任意の線形不偏推定解 $\widetilde{\boldsymbol{x}}$ の分散より必ず小さくなる，すなわち，最小二乗解 $\widehat{\boldsymbol{x}}$ は線形不偏推定解の中では最小の分散を持つことが証明できた．このように最小の分散を持つ線形不偏推定解のことを最良線形不偏推定量 (best linear unbiased estimator)，略して BLUE と呼ぶ．

4.6　観測データに含まれるノイズ分散の推定

観測データのモデル

$$\boldsymbol{y} = \boldsymbol{H}\boldsymbol{x} + \boldsymbol{\varepsilon}$$

において，ノイズ $\boldsymbol{\varepsilon}$ は

$$\boldsymbol{\varepsilon} \sim \mathcal{N}(\boldsymbol{\varepsilon}|\mathbf{0}, \sigma^2 \boldsymbol{I})$$

として議論を進めてきたが，それでは観測データに含まれるノイズの分散 σ^2 はどのようにして推定できるであろうか．今度はこの問題を考えてみよう．このために残差ベクトルと呼ばれる $\boldsymbol{e}$ を

$$\boldsymbol{e} = \boldsymbol{y} - \boldsymbol{H}\widehat{\boldsymbol{x}} \tag{4.29}$$

と定義する．上式で $\widehat{\boldsymbol{x}}$ は最小二乗解を表し，また $\boldsymbol{H}\widehat{\boldsymbol{x}}$ は最小二乗解が作り出す観測データを意味する．したがって，残差ベクトル $\boldsymbol{e}$ は最小二乗解が観測されたデータに対して，どの程度一致しているかを表すものである．残差ベクトル $\boldsymbol{e}$ は式 (4.15) を用いて

$$\boldsymbol{e} = \boldsymbol{y} - \boldsymbol{H}(\boldsymbol{H}^T\boldsymbol{H})^{-1}\boldsymbol{H}^T\boldsymbol{y} = (\boldsymbol{I} - \boldsymbol{P})\boldsymbol{y} \tag{4.30}$$

と表すことができる．ここで

$$\boldsymbol{P} = \boldsymbol{H}(\boldsymbol{H}^T\boldsymbol{H})^{-1}\boldsymbol{H}^T \tag{4.31}$$

であり，この $\boldsymbol{P}$ は射影行列 (projector) と呼ばれ，次の性質

$$\boldsymbol{P} = \boldsymbol{P}^T = \boldsymbol{P}^2 \tag{4.32}$$

を持つ [**問題 4.3**].

射影行列のこの性質を考慮すると残差ベクトルのノルムは

$$\begin{aligned}\|\boldsymbol{e}\|^2 &= \|(\boldsymbol{I} - \boldsymbol{P})\boldsymbol{y}\|^2 = ((\boldsymbol{I} - \boldsymbol{P})\boldsymbol{y})^T(\boldsymbol{I} - \boldsymbol{P})\boldsymbol{y} \\ &= \boldsymbol{y}^T(\boldsymbol{I} - \boldsymbol{P}^T - \boldsymbol{P} + \boldsymbol{P}^2)\boldsymbol{y} = \boldsymbol{y}^T(\boldsymbol{I} - \boldsymbol{P})\boldsymbol{y}\end{aligned} \tag{4.33}$$

となる．上式の両辺の期待値を取ると，

$$E\left(\|\boldsymbol{e}\|^2\right) = E(\boldsymbol{y}^T)(\boldsymbol{I} - \boldsymbol{P})E(\boldsymbol{y}) + \mathrm{tr}\left[(\boldsymbol{I} - \boldsymbol{P})\sigma^2\boldsymbol{I}\right] \tag{4.34}$$

が成立することを示すことができる [**問題 4.4**]．式 (4.34) の右辺の第 1 項を計算してみよう．$E(\boldsymbol{y}) = E(\boldsymbol{H}\boldsymbol{x} + \boldsymbol{\varepsilon}) = \boldsymbol{H}\boldsymbol{x}$ であるので，

$$(\boldsymbol{I}-\boldsymbol{P})E(\boldsymbol{y})=(\boldsymbol{I}-\boldsymbol{P})\boldsymbol{H}\boldsymbol{x}=\boldsymbol{H}\boldsymbol{x}-\boldsymbol{H}(\boldsymbol{H}^T\boldsymbol{H})^{-1}\boldsymbol{H}^T\boldsymbol{H}\boldsymbol{x}=\boldsymbol{0} \tag{4.35}$$

となり，この第 1 項は結局ゼロとなる．式 (4.34) の右辺第 2 項は

$$\mathrm{tr}\left[(\boldsymbol{I}-\boldsymbol{P})\sigma^2\boldsymbol{I}\right]=\sigma^2\,\mathrm{tr}\left[(\boldsymbol{I}-\boldsymbol{P})\right]=\sigma^2\left[\mathrm{tr}(\boldsymbol{I})-\mathrm{tr}(\boldsymbol{P})\right] \tag{4.36}$$

となる．ここで，上式の単位行列は観測データの次元 M を持つので，$\mathrm{tr}(\boldsymbol{I})$ $= M$ である．さらに，$\boldsymbol{H}^T\boldsymbol{H}$ は $N\times N$ の行列であることを考慮すれば，射影行列 $\boldsymbol{P}$ のトレースは式 (A.9) を用いて

$$\mathrm{tr}(\boldsymbol{P})=\mathrm{tr}\left(\boldsymbol{H}(\boldsymbol{H}^T\boldsymbol{H})^{-1}\boldsymbol{H}^T\right)=\mathrm{tr}\left(\boldsymbol{H}^T\boldsymbol{H}(\boldsymbol{H}^T\boldsymbol{H})^{-1}\right)=\mathrm{tr}\left(\boldsymbol{I}\right)=N \tag{4.37}$$

となる．

したがって，式 (4.34) から，

$$E\left(\|\boldsymbol{e}\|^2\right)=(M-N)\sigma^2 \tag{4.38}$$

を得る．式 (4.38) は残差ベクトルのノルムの 2 乗を $M-N$ で割った値がノイズの分散 σ^2 の不偏推定量であることを示している．すなわち，ノイズの分散の推定解 $\widehat{\sigma}^2$ は

$$\widehat{\sigma}^2=\frac{\|\boldsymbol{e}\|^2}{M-N} \tag{4.39}$$

で与えられる．この $\widehat{\sigma}^2$ は不偏性を持ち

$$E\left(\widehat{\sigma}^2\right)=\sigma^2 \tag{4.40}$$

が成り立つ．

観測データに混入するノイズの分散を推定することにより，未知量 $\boldsymbol{x}$ の信頼度区間を推定することができる．最小二乗解は共分散行列 $\sigma^2(\boldsymbol{H}^T\boldsymbol{H})^{-1}$ を持つため，行列 $(\boldsymbol{H}^T\boldsymbol{H})^{-1}$ の第 (j,j) 要素を Ξ_j とすれば，$\boldsymbol{x}$ の j 番目の要素 x_j についての $\pm 1\times$ 標準偏差に対する信頼度区間の不偏推定量は，式 (4.39) を用いて求めた $\widehat{\sigma}$ を用いて，

$$\left[\widehat{x}_j - \widehat{\sigma}\sqrt{\Xi_j}, \widehat{x}_j + \widehat{\sigma}\sqrt{\Xi_j}\right] \tag{4.41}$$

で与えられる．

問　　題

4.1 式 (4.21) を示せ．

4.2 式 (4.26) を示せ．

4.3 式 (4.32) に示された射影行列の性質を証明せよ．

4.4 式 (4.34) を証明せよ．

4.5 時間点 $t_1, \ldots, t_M$ で観測された観測結果が $y_1, \ldots, y_M$ であるとする．この観測結果を直線 $y = \beta t + \alpha$ に回帰したい．直線のパラメータ α と β の最適推定値を求めよ．この問題をデータベクトル $\boldsymbol{y} = [y_1, \ldots, y_M]^T$，解ベクトル $\boldsymbol{x} = [\alpha, \beta]^T$ と定義して，最小二乗のコスト関数

$$\mathcal{F} = \|\boldsymbol{y} - \boldsymbol{H}\boldsymbol{x}\|^2$$

を最小にすることで解く場合，行列 $\boldsymbol{H}$ はどう決めたらよいか．さらに，最適推定値 $\widehat{\alpha}$ と $\widehat{\beta}$ を求めよ．

4.6 式 (4.29) で定義される残差ベクトル $\boldsymbol{e}$ の共分散行列 $\boldsymbol{\Sigma}_e$ は $\boldsymbol{\Sigma}_e = \sigma^2(\boldsymbol{I} - \boldsymbol{P})$ であることを示せ．

4.7 $\widehat{\boldsymbol{y}} = \boldsymbol{H}\widehat{\boldsymbol{x}}$ とすれば，$\widehat{\boldsymbol{y}}$ と $\boldsymbol{e}$ の共分散はゼロになることを示せ．

第 5 章　線形最小二乗法に関連した手法

本章では，前章で議論した最小二乗解に関する発展的なトピックを解説する．まず，観測データに含まれるノイズの最小二乗解に対する影響と，最小二乗解をノイズの影響を受けにくい形に変更する方法について述べる．さらに，観測データに混入するノイズが同一で独立な分布であるとの仮定が成り立たない場合についての最小二乗解を導出する．最後に，劣決定な場合における最適推定解について述べる．

5.1　線形最小二乗法の特異値分解による解法

5.1.1　行列 $\boldsymbol{H}$ の特異値分解

この節ではまず，最小二乗解のノイズに対する特性を調べてみよう．そのために行列 $\boldsymbol{H}$ に対して特異値分解と呼ばれる手法を適用する．特異値分解は付録 A.8 節で概説してある．そこで述べられているように行列 $\boldsymbol{H}$ の特異値分解とは $M \times N(M > N)$ の行列 $\boldsymbol{H}$ を

$$\boldsymbol{H} = [\boldsymbol{u}_1, \boldsymbol{u}_2, \ldots, \boldsymbol{u}_M] \begin{bmatrix} \gamma_1 & 0 & \cdots & 0 \\ 0 & \gamma_2 & \cdots & 0 \\ \vdots & \vdots & \ddots & \vdots \\ 0 & 0 & \cdots & \gamma_N \\ 0 & 0 & \cdots & 0 \\ \vdots & \vdots & \vdots & \vdots \\ 0 & 0 & \cdots & 0 \end{bmatrix} \begin{bmatrix} \boldsymbol{v}_1^T \\ \boldsymbol{v}_2^T \\ \vdots \\ \boldsymbol{v}_N^T \end{bmatrix} \tag{5.1}$$

と表すことである．ここで，特異値ベクトル $\boldsymbol{u}_j$ および $\boldsymbol{v}_j$ は正規直交系をなし，

$$\boldsymbol{u}_i^T \boldsymbol{u}_j = I_{i,j} \tag{5.2}$$

$$\boldsymbol{v}_i^T \boldsymbol{v}_j = I_{i,j} \tag{5.3}$$

を満たす．ここで，$I_{i,j}$ は単位行列の (i,j) 成分を意味する．つまり，$i=j$ の場合 $I_{i,j}=1$ であり，$i \neq j$ の場合 $I_{i,j}=0$ となる．式 (5.1) の右辺を展開すれば，

$$\boldsymbol{H} = \sum_{j=1}^{N} \gamma_j \boldsymbol{u}_j \boldsymbol{v}_j^T \tag{5.4}$$

を得る[1)]．式 (5.4) は式 (5.1) の列ベクトル表現である．特異値 γ_j と特異値ベクトル $\boldsymbol{u}_j$ および $\boldsymbol{v}_j$ は付録 A.8 節で述べているように，行列 $\boldsymbol{H}\boldsymbol{H}^T$ あるいは $\boldsymbol{H}^T\boldsymbol{H}$ の固有値展開から求める．

式 (5.2) に示すように，M 個のベクトル $\{\boldsymbol{u}_1, \ldots, \boldsymbol{u}_M\}$ は正規直交系をなす．したがって，ベクトル $\{\boldsymbol{u}_1, \ldots, \boldsymbol{u}_M\}$ を基底ベクトルとして観測空間のベクトル $\boldsymbol{y}$ を展開することができる．すなわち，

$$\boldsymbol{y} = \sum_{j=1}^{M} c_j \boldsymbol{u}_j \tag{5.5}$$

とすることができる．ここで，展開係数 c_j は $c_j = \boldsymbol{y}^T \boldsymbol{u}_j$ から求まる．全く同様に N 個のベクトル $\{\boldsymbol{v}_1, \ldots, \boldsymbol{v}_N\}$ はやはり正規直交系を成すので，解空間のベクトル $\boldsymbol{x}$ は

$$\boldsymbol{x} = \sum_{j=1}^{N} d_j \boldsymbol{v}_j \tag{5.6}$$

と展開できる．ここで，展開係数は $d_j = \boldsymbol{x}^T \boldsymbol{v}_j$ から求まる．

ここで，2 つの基底 $\{\boldsymbol{u}_1, \ldots, \boldsymbol{u}_M\}$ と $\{\boldsymbol{v}_1, \ldots, \boldsymbol{v}_N\}$ の関係を調べてみよう．式 (5.4) の両辺に右側から $\boldsymbol{v}_k$ を乗じてみると，$\{\boldsymbol{v}_1, \ldots, \boldsymbol{v}_N\}$ の正規直行性から

[1)] これら特異値 γ_j は大きさの順に番号付けされているとする．

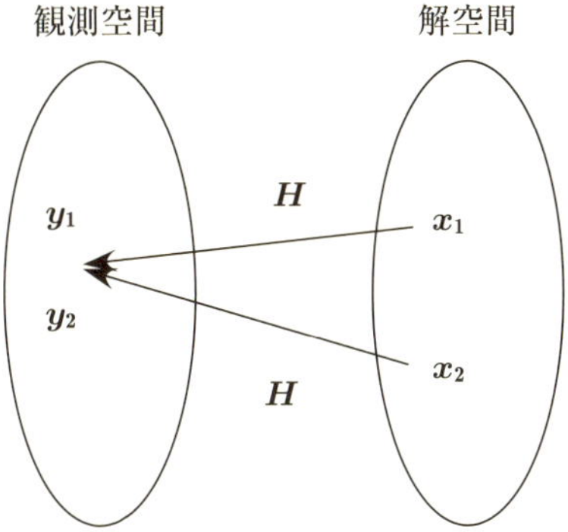

図 **5.1** 解空間において 2 つの異なる未知量ベクトル $\boldsymbol{x}_1$ と $\boldsymbol{x}_2$ が，行列 $\boldsymbol{H}$ により観測空間においてほとんど等しい観測ベクトル $\boldsymbol{y}_1$ と $\boldsymbol{y}_2$ に変換される場合を模式的に表す．

$$\boldsymbol{H}\boldsymbol{v}_k = \left[\sum_{j=1}^{N} \gamma_j \boldsymbol{u}_j \boldsymbol{v}_j^T\right] \boldsymbol{v}_k = \gamma_k \boldsymbol{u}_k \tag{5.7}$$

を得る．上式は，解空間の基底ベクトル $\boldsymbol{v}_k$ が行列 $\boldsymbol{H}$ によって観測空間に投影され，観測空間の基底ベクトル $\boldsymbol{u}_k$ に変換されること，さらに，このとき大きさが γ_k 倍されること (すなわちこの変換のゲインが γ_k であること) を示している．

以上で議論したことを基にして，図 **5.1** のような場合を考えてみよう．すなわち，$\boldsymbol{x}_1$ が行列 $\boldsymbol{H}$ により $\boldsymbol{y}_1$ というベクトルに，$\boldsymbol{x}_2$ が $\boldsymbol{y}_2$ というベクトルに変換され，

$$\boldsymbol{y}_1 = \boldsymbol{H}\boldsymbol{x}_1 \tag{5.8}$$

$$\boldsymbol{y}_2 = \boldsymbol{H}\boldsymbol{x}_2 \tag{5.9}$$

であり，$\boldsymbol{x}_1$ と $\boldsymbol{x}_2$ がかなり異なるにも関わらず，$\boldsymbol{y}_1$ と $\boldsymbol{y}_2$ が同じような観測データ，つまり $\boldsymbol{y}_1 \approx \boldsymbol{y}_2$ となる場合について考えてみよう．このように異なる 2 つの解ベクトルが似たような観測データを与える場合には，観測データのわずかの違いから解が $\boldsymbol{x}_1$ なのか $\boldsymbol{x}_2$ なのかを決めなければならず，未知量 $\boldsymbol{x}$ を観測データ $\boldsymbol{y}$ から推定するのは難しいことが直感的にも理解できる．それでは，この難しさは最小二乗解のどこに反映されるのであろうか．

式 (5.8) および (5.9) から

$$\boldsymbol{y}_1 - \boldsymbol{y}_2 = \boldsymbol{H}(\boldsymbol{x}_1 - \boldsymbol{x}_2)$$

であり，$\boldsymbol{y}_1 - \boldsymbol{y}_2 \approx 0$ から

$$\boldsymbol{H}(\boldsymbol{x}_1 - \boldsymbol{x}_2) \approx 0 \tag{5.10}$$

である．今，差分ベクトル $\boldsymbol{x}_1 - \boldsymbol{x}_2$ が解空間の基底ベクトルの一部分，例えば，$\{\boldsymbol{v}_{r+1}, \ldots, \boldsymbol{v}_N\}$ が張る空間の要素として表される場合を考えてみよう．付録 A.9 節で定義した表記法を用いると

$$\boldsymbol{x}_1 - \boldsymbol{x}_2 \in span\{\boldsymbol{v}_{r+1}, \ldots, \boldsymbol{v}_N\}$$

と表されると仮定する．すなわち

$$\boldsymbol{x}_1 - \boldsymbol{x}_2 = \sum_{j=r+1}^{N} d_j \boldsymbol{v}_j \tag{5.11}$$

が成り立つ．ここで，d_j はこの場合の展開係数である．このとき，

$$\boldsymbol{H}(\boldsymbol{x}_1 - \boldsymbol{x}_2) = \boldsymbol{H}\left(\sum_{j=r+1}^{N} d_j \boldsymbol{v}_j\right) = \sum_{j=r+1}^{N} \gamma_j d_j \boldsymbol{u}_j \tag{5.12}$$

を得る．ここで，式 (5.10) が成り立つためには

$$\gamma_{r+1} \approx \cdots \approx \gamma_N \approx 0 \tag{5.13}$$

とならなければならない．つまり，ある次数以上の特異値が非常に小さくゼロに近いと，それらの特異値に対応した特異値ベクトルの展開で表すことのできるベクトルを差分として持つ 2 つの解ベクトルは，似通った観測データを与えることになる．

それでは式 (5.13) のように，ある次数から先の特異値が非常に小さくなる場合，最小二乗解にどんな影響が出るであろうか．この影響をもう少し詳しく見るため，特異値分解の式 (5.4) を用いて式 (4.15) の最小二乗解を表してみよう．まず，

$$\left(\boldsymbol{H}^T\boldsymbol{H}\right)^{-1}\boldsymbol{H}^T = \sum_{j=1}^{N}\frac{1}{\gamma_j}\boldsymbol{v}_j\boldsymbol{u}_j^T \tag{5.14}$$

であるので [**問題 5.1**]，最小二乗解は

$$\begin{aligned}\widehat{\boldsymbol{x}} &= \sum_{j=1}^{N}\frac{1}{\gamma_j}\boldsymbol{v}_j\boldsymbol{u}_j^T\boldsymbol{y} = \sum_{j=1}^{N}\frac{1}{\gamma_j}\boldsymbol{v}_j\boldsymbol{u}_j^T(\boldsymbol{H}\boldsymbol{x}+\boldsymbol{\varepsilon})\\ &= \left[\sum_{j=1}^{N}\frac{1}{\gamma_j}\boldsymbol{v}_j\boldsymbol{u}_j^T\right]\boldsymbol{H}\boldsymbol{x} + \sum_{j=1}^{N}\frac{(\boldsymbol{u}_j^T\boldsymbol{\varepsilon})}{\gamma_j}\boldsymbol{v}_j\end{aligned} \tag{5.15}$$

となる．ここで，上式右辺の第 1 項は信号成分であり，式 (5.4) を用いて

$$\left[\sum_{j=1}^{N}\frac{1}{\gamma_j}\boldsymbol{v}_j\boldsymbol{u}_j^T\right]\boldsymbol{H}\boldsymbol{x} = \sum_{j=1}^{N}\frac{1}{\gamma_j}\boldsymbol{v}_j\boldsymbol{u}_j^T\left[\sum_{k=1}^{N}\gamma_k\boldsymbol{u}_k\boldsymbol{v}_k^T\right]\boldsymbol{x} = \boldsymbol{x} \tag{5.16}$$

となるため [**問題 5.2**]，結局，

$$\widehat{\boldsymbol{x}} = \boldsymbol{x} + \sum_{j=1}^{N}\frac{\boldsymbol{u}_j^T\boldsymbol{\varepsilon}}{\gamma_j}\boldsymbol{v}_j \tag{5.17}$$

を得る．上式右辺の第一項は真の値であり，最小二乗解が不偏性 $E(\widehat{\boldsymbol{x}}) = \boldsymbol{x}$ を持つことは簡単に確認できる．ここで，式 (5.17) の右辺第 2 項が最小二乗解におけるノイズの影響を表すものである．

式 (5.17) の右辺第 2 項において特異値 $\gamma_{r+1}, \ldots, \gamma_N$ が非常に小さくなる場合，特異値の逆数はノイズ $\boldsymbol{\varepsilon}$ を増幅してしまい，結果として式 (5.17) の右辺において

$$\boldsymbol{x} \ll \sum_{j=r+1}^{N}\frac{\boldsymbol{u}_j^T\boldsymbol{\varepsilon}}{\gamma_j}\boldsymbol{v}_j$$

となる．つまり，最小二乗解 $\widehat{\boldsymbol{x}}$ はノイズに起因した大きな誤差を含むものとなる．すなわち，2 つの異なる未知量ベクトルが観測空間においてほとんど等しい観測ベクトルとなるような場合には，行列 $\boldsymbol{H}$ のいくつかの特異値が非常に小さくなり，結果として，観測データに重畳しているノイズが推定解に大きく影響し，推定結果が意味をなさないことも起こる．

なお，式 (5.17) の右辺第 2 項は式 (4.21) で定義したノイズゲインの等価な表現である [**問題 5.4**]．実際，ノイズゲインを $\boldsymbol{G}_n$ として特異値展開で表してみると，

$$\boldsymbol{G}_n = (\boldsymbol{H}^T\boldsymbol{H})^{-1} = \left[\left[\sum_{j=1}^{N}\gamma_j\boldsymbol{u}_j\boldsymbol{v}_j^T\right]^T\sum_{j=1}^{N}\gamma_j\boldsymbol{u}_j\boldsymbol{v}_j^T\right]^{-1} = \sum_{j=1}^{N}\frac{1}{\gamma_j^2}\boldsymbol{v}_j\boldsymbol{v}_j^T \tag{5.18}$$

を得る．上式でノイズゲインは $\boldsymbol{H}$ の特異値 γ_j を逆数の形で含むため，γ_j が $j \geq r+1$ で非常に小さくなるとノイズゲインがこの影響を受けて大きな値となり，最小二乗推定は観測データに含まれるノイズを増幅してしまうことが理解できる．

5.1.2　擬似逆行列を用いた解

以上の説明から，ノイズに対して頑強な[2)]推定結果を得るための方策として，式 (5.14) 右辺の和において，γ_j のあまり小さなものを除外することがまず考えられる．つまり，$\gamma_{r+1}, \ldots, \gamma_N$ が非常に小さな特異値であったとすると，これらを除外した

$$\boldsymbol{H}^+ = \sum_{j=1}^{r}\frac{1}{\gamma_j}\boldsymbol{v}_j\boldsymbol{u}_j^T \tag{5.19}$$

を $\left(\boldsymbol{H}^T\boldsymbol{H}\right)^{-1}\boldsymbol{H}^T$ の代わりに用いることにより，

$$\widehat{\boldsymbol{x}} = \boldsymbol{H}^+\boldsymbol{y} = \left(\sum_{j=1}^{r}\frac{1}{\gamma_j}\boldsymbol{v}_j\boldsymbol{u}_j^T\right)\boldsymbol{y} \tag{5.20}$$

として推定解 $\widehat{\boldsymbol{x}}$ を求める．このときのノイズゲイン $\boldsymbol{G}_n$ は

$$\boldsymbol{G}_n = \boldsymbol{H}^+(\boldsymbol{H}^+)^T = \sum_{j=1}^{r}\frac{1}{\gamma_j^2}\boldsymbol{v}_j\boldsymbol{v}_j^T \tag{5.21}$$

となる [**問題 5.3**]．式 (5.19) に示す $\boldsymbol{H}^+$ を擬似逆行列 (pseudo inverse) と

2) 推定解がノイズの影響を受けにくいとき，推定解はノイズに対して頑強 (robust) であるという．

呼ぶ．式 (5.21) に示すノイズゲインにおいては，小さな特異値の逆数があらかじめ取り除かれているため，極端なノイズ増幅を起こす心配はないわけである．

擬似逆行列を用いた場合，式 (5.15) に対応した式は

$$\begin{aligned}\widehat{\boldsymbol{x}} &= \sum_{j=1}^{r} \frac{1}{\gamma_j} \boldsymbol{v}_j \boldsymbol{u}_j^T \boldsymbol{y} = \sum_{j=1}^{r} \frac{1}{\gamma_j} \boldsymbol{v}_j \boldsymbol{u}_j^T (\boldsymbol{H}\boldsymbol{x} + \boldsymbol{\varepsilon}) \\ &= \left[\sum_{j=1}^{r} \frac{1}{\gamma_j} \boldsymbol{v}_j \boldsymbol{u}_j^T\right] \boldsymbol{H}\boldsymbol{x} + \sum_{j=1}^{r} \frac{(\boldsymbol{u}_j^T \boldsymbol{\varepsilon})}{\gamma_j} \boldsymbol{v}_j \end{aligned} \tag{5.22}$$

となる．式 (5.15) の場合と同様に，上式の第 1 項は信号成分であり，式 (5.6) を用いて，

$$\begin{aligned}\left[\sum_{j=1}^{r} \frac{1}{\gamma_j} \boldsymbol{v}_j \boldsymbol{u}_j^T\right] \boldsymbol{H}\boldsymbol{x} &= \sum_{j=1}^{r} \frac{1}{\gamma_j} \boldsymbol{v}_j \boldsymbol{u}_j^T \left[\sum_{k=1}^{N} \gamma_k \boldsymbol{u}_k \boldsymbol{v}_k^T\right] \sum_{i=1}^{N} d_i \boldsymbol{v}_i \\ &= \sum_{j=1}^{r} \frac{1}{\gamma_j} \boldsymbol{v}_j \boldsymbol{u}_j^T \sum_{k=1}^{N} \gamma_k d_k \boldsymbol{u}_k = \sum_{j=1}^{r} d_j \boldsymbol{v}_j = \widetilde{\boldsymbol{x}} \end{aligned} \tag{5.23}$$

を得る．ここで，

$$\widetilde{\boldsymbol{x}} = \sum_{j=1}^{r} d_j \boldsymbol{v}_j \tag{5.24}$$

とした．したがって，擬似逆行列を用いた推定では，$E(\widehat{\boldsymbol{x}}) = \widetilde{\boldsymbol{x}}$ となり，推定解は不偏性を持たない．式 (5.24) から解るように，r が N に近ければ $\boldsymbol{x}$ と $\widetilde{\boldsymbol{x}}$ の差，すなわち，解のバイアスはわずかであろう．一方，r が N とかなり異なっていれば，$\widetilde{\boldsymbol{x}}$ と $\boldsymbol{x}$ はかなり異なってしまう可能性がある．

以上で述べたように，擬似逆行列を用いれば，非常に小さな特異値を含む項が取り除かれているため，このような特異値によって起こるノイズ増幅の問題を回避することができる．ノイズの増幅をなるべく避けたいとする立場では r をなるべく小さく取ったほうがいいわけであるが，この場合には解のバイアスがかなり大きくなってしまう可能性がある．したがって，擬似逆行列を用いた推定は，解のバイアスと解の分散 (つまりノイズの影響) のトレードを与えるもので，この狙いは，不偏性をわずかに犠牲にすることで解

の分散を大きく低減しようとするものである.

5.2　正則化を用いた推定解

観測データに含まれるノイズに対して，その影響を受けにくい推定解を導くもう1つの考え方は，最小二乗のコスト関数を観測データにノイズが混入していることを前提とした形に変更することである．そもそも最小二乗法は式(4.9)に示すように，最小二乗のコスト関数 $\mathcal{F} = \|\boldsymbol{y} - \boldsymbol{H}\boldsymbol{x}\|^2$ を最小にする $\boldsymbol{x}$ をもって $\boldsymbol{x}$ の最適推定値 $\widehat{\boldsymbol{x}}$ とするものであり，このとき求まる $\widehat{\boldsymbol{x}}$ は観測データ $\boldsymbol{y}$ に最もよく一致する $\boldsymbol{x}$ である.

しかし，$\boldsymbol{y}$ に大きなノイズが重畳している場合，観測データとの一致度をあまり追求しても意味がなく，却って観測データに含まれるノイズの影響を受けてしまう．そこで，コスト関数として観測データとの一致度を表す $\|\boldsymbol{y} - \boldsymbol{H}\boldsymbol{x}\|^2$ のみでなく，さらに，別の基準 $\phi(\boldsymbol{x})$ を導入し，

$$\mathcal{F} = \|\boldsymbol{y} - \boldsymbol{H}\boldsymbol{x}\|^2 + \xi\phi(\boldsymbol{x}) \tag{5.25}$$

として，

$$\widehat{\boldsymbol{x}} = \underset{\boldsymbol{x}}{\operatorname{argmin}}\, \mathcal{F} = \underset{\boldsymbol{x}}{\operatorname{argmin}} \left[\|\boldsymbol{y} - \boldsymbol{H}\boldsymbol{x}\|^2 + \xi\phi(\boldsymbol{x})\right] \tag{5.26}$$

により推定解 $\widehat{\boldsymbol{x}}$ を求めれば，推定解 $\widehat{\boldsymbol{x}}$ がノイズの影響を比較的受けにくくなることが期待できる.

ここで，$\phi(\boldsymbol{x})$ は制約条件と呼ばれ，推定解が持つ好ましい性質をコスト関数の形で表したものである．定数 ξ はコスト関数の中で $\|\boldsymbol{y} - \boldsymbol{H}\boldsymbol{x}\|^2$ の項と $\phi(\boldsymbol{x})$ の項とのバランスを取るためのもので，ξ が小さければ相対的に $\phi(\boldsymbol{x})$ の項の重みが小さくなり，コスト関数は観測データと一致度の項が支配的となる．反対に，ξ が大きければ相対的に $\phi(\boldsymbol{x})$ の項の重みが大きくなり，コスト関数はこの項が支配的となる.

制約条件 $\phi(\boldsymbol{x})$ の代表的な選択として推定解のノルム，つまり

$$\phi(\boldsymbol{x}) = \|\boldsymbol{x}\|^2 \tag{5.27}$$

が用いられる．このときコスト関数は

$$\mathcal{F} = \|\boldsymbol{y} - \boldsymbol{H}\boldsymbol{x}\|^2 + \xi\|\boldsymbol{x}\|^2 \tag{5.28}$$

となり，最適推定解は

$$\widehat{\boldsymbol{x}} = \operatorname*{argmin}_{\boldsymbol{x}} \mathcal{F}$$

を解くことにより，

$$\widehat{\boldsymbol{x}} = \left(\boldsymbol{H}^T\boldsymbol{H} + \xi\boldsymbol{I}\right)^{-1}\boldsymbol{H}^T\boldsymbol{y} \tag{5.29}$$

として求まる [**問題 5.5**].

それでは，式 (5.29) の解は観測データに含まれるノイズに対して，ある程度の頑強性を持っているであろうか．このことを調べるために式 (5.15) と同様にこの場合の推定解を特異値ベクトルで表すと

$$\begin{aligned}\widehat{\boldsymbol{x}} &= \sum_{j=1}^{N}\frac{1}{\gamma_j^2+\xi}\boldsymbol{v}_j\boldsymbol{v}_j^T\sum_{k=1}^{N}\gamma_k\boldsymbol{v}_k\boldsymbol{u}_k^T(\boldsymbol{H}\boldsymbol{x}+\boldsymbol{\varepsilon})\\ &= \left[\sum_{j=1}^{N}\frac{\gamma_j^2}{\gamma_j^2+\xi}\boldsymbol{v}_j\boldsymbol{v}_j^T\right]\boldsymbol{x} + \sum_{j=1}^{N}\frac{\gamma_j}{\gamma_j^2+\xi}(\boldsymbol{u}_j^T\boldsymbol{\varepsilon})\boldsymbol{v}_j\end{aligned} \tag{5.30}$$

となる [**問題 5.6**]．上式の右辺第 1 項が信号成分，第 2 項がノイズからの寄与である．第 2 項を見てみると分母に定数 ξ が入っていて，分子に γ_j が入っているため，非常に小さな γ_j を持つ成分は非常に小さくなり，小さな γ_j によるノイズの増幅が起きないことが理解できる．一方，

$$E(\widehat{\boldsymbol{x}}) = \left[\sum_{j=1}^{N}\frac{\gamma_j^2}{\gamma_j^2+\xi}\boldsymbol{v}_j\boldsymbol{v}_j^T\right]\boldsymbol{x} \tag{5.31}$$

であるため，この $\widehat{\boldsymbol{x}}$ はもはや不偏推定量ではない．ただし，$\sum_{j=1}^{N}\boldsymbol{v}_j\boldsymbol{v}_j^T = \boldsymbol{I}$ を考慮すれば，ξ が小さければ

$$\sum_{j=1}^{N}\frac{\gamma_j^2}{\gamma_j^2+\xi}\boldsymbol{v}_j\boldsymbol{v}_j^T \approx \boldsymbol{I}$$

となるため，$E(\widehat{\boldsymbol{x}})$ は $\boldsymbol{x}$ に近いものになる．すなわち，この正則化を用いた方法も不偏性を (できればわずかに) 犠牲にして，ノイズの影響を抑えるこ

とを目指した手法といえる．

式 (5.29) のように，ある行列の逆行列を計算する際に単位行列を定数倍したものをこの行列に加えて逆行列を計算することは，数値計算の分野ではティコノフ正則化 (Tikhonov reguralization)，信号処理の分野ではダイアゴナルローディング (diagonal loading)[3)]と呼ばれ，よく用いられる．式 (5.29) は行列 $\boldsymbol{H}^T\boldsymbol{H}$ の逆行列を計算する時に正則化を行う解となっている．

式 (5.20) による擬似逆行列による解と式 (5.29) による正則化を用いた解は，小さな特異値によってノイズが増幅されてしまうという問題に対する若干異なる解決策となっている．つまり，擬似逆行列解では小さな γ_j は使わないことで，また，正則化を用いた解では，分母に含まれる γ_j に一定値を足すことでノイズの増幅を回避している．

それでは ξ の値をどう決めるべきであろうか．この問題は擬似逆行列解では打ち切りの値 r をどう決めるか，という問題と等価である．これまでの議論から最適な ξ の値は観測データ $\boldsymbol{y}$ に含まれるノイズの量に依存することが想像できる．つまり，ノイズが小さければ ξ を小さくして観測データとの一致度を優先させることが合理的であるし，反対に，ノイズが大きければあまり観測データとの一致度にこだわっても意味がないため，ある程度大きな ξ を用いることが合理的であろう．なぜなら大きな ξ の方がノイズ増幅率は小さいためである．

種々の分野で式 (5.29) による推定解が用いられているが，多くの場合 ξ の値は経験的に決められている．つまり，ξ のいろいろな値で解を計算してみて最も妥当な解が得られる ξ を採用するのである．実用的にはこのやり方で特に問題がない場合が多い．ξ の値を理論的に決める方法については第 9 章でベイズ推定を用いた方法を紹介する．

読者は，式 (5.27) の制約条件 $\phi(\boldsymbol{x}) = \|\boldsymbol{x}\|^2$ の根拠について疑問に思うかもしれない．結論から言うとあまり明確な根拠はないのが本当のところである．多くの推定問題で推定解のノルム $\|\boldsymbol{x}\|^2$ はエネルギーの次元を持っている場合が多い．データとの一致度がどれも同じ程度の複数個の推定解が

[3)] しいて日本語訳を行えば，対角成分強化といった意味となる．

ある場合に，エネルギー最小のものを最適推定解として選ぼうというのが式 (5.29) の解である．このような考え方は「オッカムのカミソリ」と呼ばれている．興味のある読者は他書を参照されたい．

5.3 白色ノイズの仮定が成立しない場合の最小二乗法

ここまでの説明では観測データに重畳するノイズは独立で，平均 0，全て同じ分散 σ^2 を持つ正規分布として，すなわち，

$$\boldsymbol{\varepsilon} \sim \mathcal{N}(\boldsymbol{\varepsilon}|\mathbf{0}, \sigma^2 \boldsymbol{I})$$

として最小二乗法を導いた．空間的に相関のない，すなわち，ノイズの共分散行列 $\boldsymbol{\Sigma}$ が $\sigma^2 \boldsymbol{I}$ に等しいノイズは白色ノイズと呼ばれる[4)]．本節では，ノイズに関するこの仮定を緩めて，ノイズの共分散行列 $\boldsymbol{\Sigma}$ が必ずしも $\boldsymbol{\Sigma} = \sigma^2 \boldsymbol{I}$ と表記できない場合を考えてみよう．この場合，観測データ $\boldsymbol{y}$ の確率密度分布は

$$f(\boldsymbol{y}) = \frac{1}{(2\pi)^{M/2}|\boldsymbol{\Sigma}|^{1/2}} \exp\left[-\frac{1}{2}(\boldsymbol{y} - \boldsymbol{H}\boldsymbol{x})^T \boldsymbol{\Sigma}^{-1} (\boldsymbol{y} - \boldsymbol{H}\boldsymbol{x})\right] \tag{5.32}$$

となる．したがって，未知量 $\boldsymbol{x}$ に対する対数尤度関数 $\log \mathcal{L}(\boldsymbol{x})$ は定数項を無視して，

$$\log \mathcal{L}(\boldsymbol{x}) = \log f(\boldsymbol{y}) = -\frac{1}{2}(\boldsymbol{y} - \boldsymbol{H}\boldsymbol{x})^T \boldsymbol{\Sigma}^{-1} (\boldsymbol{y} - \boldsymbol{H}\boldsymbol{x}) \tag{5.33}$$

となり，この場合，最小二乗のコスト関数は

$$\mathcal{F} = (\boldsymbol{y} - \boldsymbol{H}\boldsymbol{x})^T \boldsymbol{\Sigma}^{-1} (\boldsymbol{y} - \boldsymbol{H}\boldsymbol{x}) \tag{5.34}$$

となる．

このコスト関数を最小とする $\boldsymbol{x}$ をどのように求めたらいいであろうか．ここではノイズ共分散行列 $\boldsymbol{\Sigma}$ を知っていることが前提条件となる．推定解 $\widehat{\boldsymbol{x}}$ を求めるためにまず行列 $\boldsymbol{\Sigma}^{1/2}$ を求める．この $\boldsymbol{\Sigma}^{1/2}$ とは (式 (A.48) で定

4) 白色ノイズとは，もともと時間的に相関のない (すなわちパワースペクトルがフラットな) ノイズを意味するが，空間的に相関のない (すなわち共分散行列の非対角成分が全てゼロであるような) ノイズも習慣的に白色ノイズと呼ばれる．

義してあるように)2 回掛け合わせると $\boldsymbol{\Sigma}$ となる行列，すなわち，

$$\boldsymbol{\Sigma} = \boldsymbol{\Sigma}^{1/2}\boldsymbol{\Sigma}^{1/2} \tag{5.35}$$

が成立する行列のことである．$\boldsymbol{\Sigma}$ の固有値展開を

$$\boldsymbol{\Sigma} = \boldsymbol{U}\begin{bmatrix} \chi_1 & 0 & \cdots & 0 \\ 0 & \chi_2 & \cdots & 0 \\ \vdots & \vdots & \ddots & \vdots \\ 0 & 0 & \cdots & \chi_M \end{bmatrix}\boldsymbol{U}^T \tag{5.36}$$

とすれば，その固有値 $\chi_1, \ldots, \chi_M$ は全て非負である．また，固有ベクトルを列ベクトルとする行列 $\boldsymbol{U}$ は直交行列で $\boldsymbol{U}\boldsymbol{U}^T = \boldsymbol{I}$ を満足する．したがって，

$$\boldsymbol{\Sigma}^{1/2} = \boldsymbol{U}\begin{bmatrix} \sqrt{\chi_1} & 0 & \cdots & 0 \\ 0 & \sqrt{\chi_2} & \cdots & 0 \\ \vdots & \vdots & \ddots & \vdots \\ 0 & 0 & \cdots & \sqrt{\chi_M} \end{bmatrix}\boldsymbol{U}^T \tag{5.37}$$

と定義すれば，この $\boldsymbol{\Sigma}^{1/2}$ は式 (5.35) の関係を満たすことは明らかである［問題 **5.7**］．

$\boldsymbol{\Sigma}^{1/2}$ を式 (5.34) に代入すれば，

$$\begin{aligned} \mathcal{F} &= (\boldsymbol{y} - \boldsymbol{H}\boldsymbol{x})^T \left(\boldsymbol{\Sigma}^{1/2}\boldsymbol{\Sigma}^{1/2}\right)^{-1} (\boldsymbol{y} - \boldsymbol{H}\boldsymbol{x}) \\ &= \left[\boldsymbol{\Sigma}^{-1/2}(\boldsymbol{y} - \boldsymbol{H}\boldsymbol{x})\right]^T \left[\boldsymbol{\Sigma}^{-1/2}(\boldsymbol{y} - \boldsymbol{H}\boldsymbol{x})\right] \end{aligned} \tag{5.38}$$

を得る．ここで，

$$\bar{\boldsymbol{y}} = \boldsymbol{\Sigma}^{-1/2}\boldsymbol{y} \quad および \quad \bar{\boldsymbol{H}} = \boldsymbol{\Sigma}^{-1/2}\boldsymbol{H} \tag{5.39}$$

とすれば，式 (5.38) のコスト関数は結局，

$$\mathcal{F} = \|\bar{\boldsymbol{y}} - \bar{\boldsymbol{H}}\boldsymbol{x}\|^2 \tag{5.40}$$

となって，ノイズ共分散行列を $\sigma^2\boldsymbol{I}$ と仮定して導いたコスト関数と全く同

じ形になる．つまり，式 (5.39) で求めた $\bar{\boldsymbol{y}}$ と $\bar{\boldsymbol{H}}$ を $\boldsymbol{y}$ と $\boldsymbol{H}$ の代わりに用いれば，通常の最小二乗法と全く同じように，式 (4.15) を用いて最適推定解を求めることができる．式 (4.15) の $\boldsymbol{y}$ と $\boldsymbol{H}$ に $\bar{\boldsymbol{y}}$ と $\bar{\boldsymbol{H}}$ を代入すれば，

$$\widehat{\boldsymbol{x}} = \left(\bar{\boldsymbol{H}}^T\bar{\boldsymbol{H}}\right)^{-1}\bar{\boldsymbol{H}}^T\bar{\boldsymbol{y}} = \left(\boldsymbol{H}^T\boldsymbol{\Sigma}^{-1}\boldsymbol{H}\right)^{-1}\boldsymbol{H}^T\boldsymbol{\Sigma}^{-1}\boldsymbol{y} \tag{5.41}$$

を得る [**問題 5.8**]．式 (5.41) がノイズに対して $\boldsymbol{\Sigma} = \sigma^2\boldsymbol{I}$ を仮定できない場合の最小二乗解である．

以上で述べたように，式 (5.39) の変換を観測データ $\boldsymbol{y}$ と行列 $\boldsymbol{H}$ に用いれば，$\boldsymbol{\Sigma} = \sigma^2\boldsymbol{I}$ を仮定した場合のコスト関数と全く同じ形式が得られる．式 (5.39) に示す変換を白色化 (pre-whitening) と呼ぶ．つまり，観測データに含まれるノイズが白色ノイズでない場合も，式 (5.39) の変換を用いれば観測データに含まれるノイズが白色ノイズの場合と同様の手続きで推定解 $\widehat{\boldsymbol{x}}$ を求めることができるため，式 (5.39) に示す変換はこのように呼ばれる．

5.4　劣決定系の最適推定解

5.4.1　推定解の任意性

第 4.1 節において観測データの次元を M，未知量の次元を N とすると，$M > N$ の場合を優決定 (over-determined)，$M < N$ の場合を劣決定 (under-determined) と呼ぶことを述べた．前節までの議論は全て優決定の場合を仮定したが，本節では劣決定系における推定解の求め方について考えてみよう．

劣決定系の場合，優決定系との大きな違いは，任意のベクトル $\boldsymbol{y}$ に対して最小二乗のコスト関数 $\mathcal{F} = \|\boldsymbol{y} - \boldsymbol{H}\boldsymbol{x}\|^2$ をゼロとする，すなわち $\boldsymbol{y} = \boldsymbol{H}\boldsymbol{x}$ を満たす無数の $\boldsymbol{x}$ が存在してしまうことである．したがって，劣決定系の場合には，最小二乗のコスト関数を最小とするという要請だけでは解を決めることができないという問題が生じる．

劣決定系において $\boldsymbol{y} = \boldsymbol{H}\boldsymbol{x}$ を満たす無数の解 $\boldsymbol{x}$ が存在することは，線形連立方程式において未知数の数より方程式の数が少ない場合に，方程式を満たす無数の解が存在することに等しい．これは初等代数学ではよく知られたことであるが，きっちりとした証明は長くなるので他の線形数学の教科書・

参考書に譲り，ここでは証明の概略を述べる．

まず，劣決定系の線形方程式 $\boldsymbol{y} = \boldsymbol{H}\boldsymbol{x}$ において解が存在することを示す．$\boldsymbol{H}$ は $M \times N, (M < N)$ の行列であり，簡単のためランクは M とする[5)]．付録 A.6 節で述べているように，この場合，行列 $\boldsymbol{H}$ の全ての行は互いに線形独立であり，線形独立な行の数と列の数は等しいため，行列 $\boldsymbol{H}$ の N 個の列の中で M 個は線形独立である．次に，$[\boldsymbol{H}, \boldsymbol{y}]$ なる $M \times (N+1)$ の行列を考えるとやはり全ての行は線形独立であるため，ランクは M であり，線形独立な列の数は M である．したがって，ベクトル $\boldsymbol{y}$ は行列 $\boldsymbol{H}$ の列ベクトルに対し線形従属になり，$\boldsymbol{H}$ の列ベクトルを $\boldsymbol{h}_1, \ldots, \boldsymbol{h}_N$ と表記すれば，$\boldsymbol{y}$ は $\boldsymbol{h}_1, \ldots, \boldsymbol{h}_N$ の線形和により

$$\boldsymbol{y} = \sum_{j=1}^{N} w_j \boldsymbol{h}_j = [\boldsymbol{h}_1, \ldots, \boldsymbol{h}_N] \begin{bmatrix} w_1 \\ \vdots \\ w_N \end{bmatrix} = \boldsymbol{H} \begin{bmatrix} w_1 \\ \vdots \\ w_N \end{bmatrix} \tag{5.42}$$

と表記できる．ここで，w_j は展開係数であり，式 (5.42) は線形方程式 $\boldsymbol{y} = \boldsymbol{H}\boldsymbol{x}$ がこの展開係数で構成されたベクトル $\boldsymbol{x} = [w_1, \ldots, w_N]^T$ を解として持つことを示している．

次に，解が無数にあることを示そう．付録 A.10 節で述べた行列 $\boldsymbol{H}$ の零空間を

$$\mathcal{E}(\boldsymbol{H}) = \{\boldsymbol{x} | \boldsymbol{H}\boldsymbol{x} = \boldsymbol{0}, \boldsymbol{x} \in \mathbb{R}^N\} \tag{5.43}$$

と定義する．$\mathcal{E}(\boldsymbol{H})$ は $N \times 1$ の実数ベクトル $\boldsymbol{x}$ の中で $\boldsymbol{H}\boldsymbol{x} = \boldsymbol{0}$ を満たす $\boldsymbol{x}$ の集合を意味する．この集合を行列 $\boldsymbol{H}$ の零空間 (null space) と呼ぶ．付録 A.10 節で述べるように，零空間 $\mathcal{E}(\boldsymbol{H})$ の次元は $\boldsymbol{H}$ のランク $\mathcal{R}$ を用いて $N - \mathcal{R}$ に等しい．今，$\mathcal{R} = M$ と仮定しているので，$\mathcal{E}(\boldsymbol{H})$ の次元は $N - M$ であり，$N - M$ 個の線形独立なベクトル $\boldsymbol{x}$ が

$$\boldsymbol{H}\boldsymbol{x} = \boldsymbol{0} \tag{5.44}$$

を満たす．したがって，これら線形独立なベクトル $\boldsymbol{x}$ の線形和で表される

[5)] この場合，行列 $\boldsymbol{H}$ は full row rank であるという．

無数のベクトルが式 (5.44) を満たす．このようなベクトルの 1 つを $\boldsymbol{x}_{null}$ として，$\boldsymbol{y} = \boldsymbol{H}\boldsymbol{x}$ の解を $\widehat{\boldsymbol{x}}$ とすれば，

$$\boldsymbol{H}(\widehat{\boldsymbol{x}} + \boldsymbol{x}_{null}) = \boldsymbol{H}\widehat{\boldsymbol{x}} - \boldsymbol{H}\boldsymbol{x}_{null} = \boldsymbol{H}\widehat{\boldsymbol{x}} = \boldsymbol{y}$$

が成り立つので $\widehat{\boldsymbol{x}} + \boldsymbol{x}_{null}$ も $\boldsymbol{y} = \boldsymbol{H}\boldsymbol{x}$ の解となる．すなわち，この線形方程式を満たす無数の解が存在する．

5.4.2 ミニマムノルムの解

以上で述べたように，劣決定系の場合には，最小二乗のコスト関数 $\mathcal{F} = \|\boldsymbol{y} - \boldsymbol{H}\boldsymbol{x}\|^2$ をゼロとする無数の $\boldsymbol{x}$ が存在してしまい，コスト関数 $\mathcal{F}$ を最小にするという要請だけでは解を決めることができない．それではどうすればよいのであろうか．この問題に対するアプローチは第 5.2 節で述べた考え方と近いものであり，解について知られている事柄で $\boldsymbol{y} = \boldsymbol{H}\boldsymbol{x}$ 以外の「解が持つ望ましい性質」を組み込むことである．

第 5.2 節ではこの「解が持つ望ましい性質」として解のノルム $\|\boldsymbol{x}\|^2$ 最小を考えたが，この制約条件を再び用いて「解のノルムがなるべく小さなもので，$\boldsymbol{y} = \boldsymbol{H}\boldsymbol{x}$ を満たすものを選ぶ」との基準により推定解を決めることがよく行われる．この場合，

$$\widehat{\boldsymbol{x}} = \underset{\boldsymbol{x}}{\operatorname{argmin}}\|\boldsymbol{x}\|^2 \quad \text{subject to} \quad \boldsymbol{y} = \boldsymbol{H}\boldsymbol{x} \tag{5.45}$$

から推定解 $\widehat{\boldsymbol{x}}$ を求める．右辺にある「subject to」は制約条件を表していて，式 (5.45) は「subject to」の右側に書かれた条件 $\boldsymbol{y} = \boldsymbol{H}\boldsymbol{x}$ を満たす $\boldsymbol{x}$ の中で，$\|\boldsymbol{x}\|^2$ を最小とする $\boldsymbol{x}$ を最適推定解 $\widehat{\boldsymbol{x}}$ とすることを意味している．

それでは式 (5.45) に示す制約付き最適化により，どのような解が得られるであろうか．このような制約付き最適化問題を解く一般的な方法としてラグランジェ未定定数法が知られている．ラグランジェ未定定数法においては $M \times 1$ の未定定数を要素とする列ベクトルを $\boldsymbol{c}$ として，ラグランジアンと呼ばれる関数 $\mathbb{L}(\boldsymbol{x}, \boldsymbol{c})$ を次のように定義する．

$$\mathbb{L}(\boldsymbol{x}, \boldsymbol{c}) = \boldsymbol{x}^T\boldsymbol{x} + \boldsymbol{c}^T(\boldsymbol{y} - \boldsymbol{H}\boldsymbol{x}) \tag{5.46}$$

この $\mathbb{L}(\boldsymbol{x}, \boldsymbol{c})$ を $\boldsymbol{x}$ と $\boldsymbol{c}$ について無制約で最小とすることで，制約付きの最

適化問題 (式 (5.45)) と同じ解 $\widehat{\boldsymbol{x}}$ を得ることができる．つまり，ラグランジェ未定定数法は変数を増やすことで制約付き最適化問題を無制約の最適化問題に移し換える手法である．

式 (5.46) を最小とする $\boldsymbol{x}$ と $\boldsymbol{c}$ を具体的に求めてみると，まず $\boldsymbol{x}$ でラグランジアン $\mathbb{L}(\boldsymbol{x}, \boldsymbol{c})$ を微分してゼロとおくと，

$$\frac{\partial \mathbb{L}(\boldsymbol{x}, \boldsymbol{c})}{\partial \boldsymbol{x}} = 2\boldsymbol{x} - \boldsymbol{H}^T \boldsymbol{c} = 0 \tag{5.47}$$

となる．さらにラグランジェ定数 $\boldsymbol{c}$ で微分してゼロとおくと，

$$\frac{\partial \mathbb{L}(\boldsymbol{x}, \boldsymbol{c})}{\partial \boldsymbol{c}} = \boldsymbol{y} - \boldsymbol{H}\boldsymbol{x} = 0 \tag{5.48}$$

を得る．ここで式 (5.47) より

$$\boldsymbol{x} = \frac{1}{2}\boldsymbol{H}^T \boldsymbol{c} \tag{5.49}$$

となり，この式を式 (5.48) に代入すると，

$$\boldsymbol{c} = 2\left(\boldsymbol{H}\boldsymbol{H}^T\right)^{-1} \boldsymbol{y}$$

を得る．上式をさらに式 (5.49) に代入することにより，最適推定解 $\widehat{\boldsymbol{x}}$ を

$$\widehat{\boldsymbol{x}} = \boldsymbol{H}^T \left(\boldsymbol{H}\boldsymbol{H}^T\right)^{-1} \boldsymbol{y} \tag{5.50}$$

として求める．式 (5.50) はミニマムノルムの解と呼ばれ，劣決定系の推定解としてよく知られた解である．

5.4.3　ミニマムノルム解の性質

前節で述べたミニマムノルム解 (5.50) は優決定系で求められた最小二乗解 (4.15) とは異なった特性を持っている．まず不偏性について調べてみよう．第 4.4 節と同じように以下を計算すると

$$\widehat{\boldsymbol{x}} = \boldsymbol{H}^T(\boldsymbol{H}\boldsymbol{H}^T)^{-1}(\boldsymbol{H}\boldsymbol{x} + \boldsymbol{\varepsilon}) = \boldsymbol{H}^T(\boldsymbol{H}\boldsymbol{H}^T)^{-1}\boldsymbol{H}\boldsymbol{x} + \boldsymbol{H}^T(\boldsymbol{H}\boldsymbol{H}^T)^{-1}\boldsymbol{\varepsilon} \tag{5.51}$$

となるので，上式の両辺の期待値を取ると

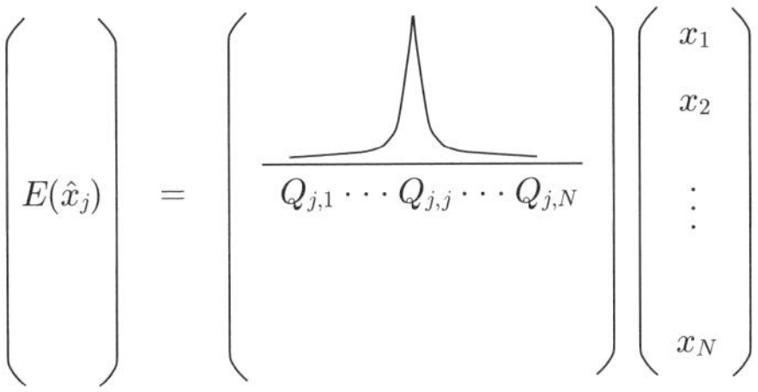

(a)

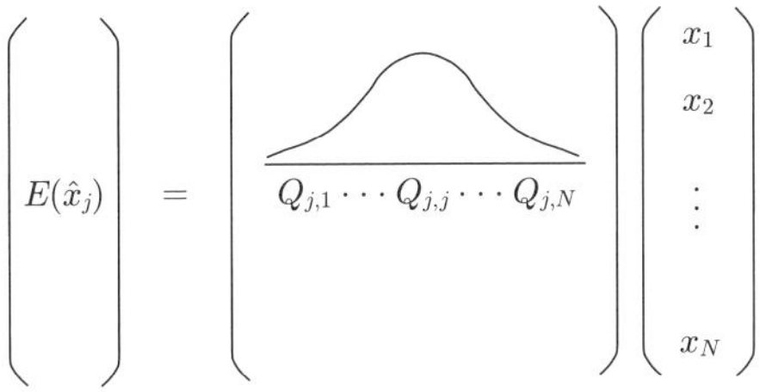

(b)

図 5.2 分解能行列の意味を模式的に示す．j 番目の推定解 (の期待値)$E(\widehat{x}_j)$ は $Q_{j,k}(k = 1, \ldots, N)$ を重みとする線形和 $E(\widehat{x}_j) = \sum_{k=1}^{N} Q_{j,k} x_k$ で求まる．(a) は分解能が良い場合で，$Q_{j,j}$ が周囲に比べ十分に大きく，$Q_{j,k}$ は $Q_{j,j}$ から遠ざかるほど急激に小さくなる．そのため $E(\widehat{x}_j)$ は x_j を主な要素として含む．(b) 分解能が悪い場合で，推定解 (の期待値)$E(\widehat{x}_j)$ には x_j 以外に $x_k(k \neq j)$ の項が比較的大きな重みで混入してしまい，$\widehat{x}_j$ はあまり良い推定結果にはならない．

$$E(\widehat{\boldsymbol{x}}) = \boldsymbol{H}^T(\boldsymbol{H}\boldsymbol{H}^T)^{-1}\boldsymbol{H}\boldsymbol{x} \tag{5.52}$$

を得る．つまり，ミニマムノルム解の期待値は真の値とは異なるものになり，ミニマムノルム解は不偏性を持たない．式 (5.52) は得られた推定解 (の期待値) と真の解との関係を表すもので，

$$\boldsymbol{Q} = \boldsymbol{H}^T(\boldsymbol{H}\boldsymbol{H}^T)^{-1}\boldsymbol{H} \tag{5.53}$$

は分解能行列 (resolution matrix) と呼ばれている．$Q_{i,j}$ を行列 $\boldsymbol{Q}$ の (i, j) 成分とすれば，$E(\widehat{\boldsymbol{x}})$ の j 番目の要素 $E(\widehat{x}_j)$ は

$$E(\widehat{x}_j) = \sum_{k=1}^{N} Q_{j,k} x_k \tag{5.54}$$

と表される．つまり，$Q_{j,k}$ は j 番目の要素の推定結果に対する k 番目の要

素からのもれこみ (leakage) の量を表している．したがって，$Q_{j,k}$ が図 **5.2** の (a) に示すように，第 j 目の $Q_{j,j}$ を中心になるべくシャープなピークを構成するなら，推定解 (の期待値)$E(\widehat{x}_j)$ は真の解 x_j に近いものになると考えられる．反対に，図 5.2 の (b) に示すように，ピークの幅が広ければ推定解 $\widehat{x}_j$ には x_j 以外に $x_k(k \neq j)$ の項が混入し，良い推定結果とはならないであろう．

このように，行列 $\boldsymbol{Q}$ は $E(\widehat{\boldsymbol{x}})$ が真の分布 $\boldsymbol{x}$ とどの程度隔たっているのかを記述するものとなっている．画像処理などの応用例では，$\widehat{\boldsymbol{x}}$ は真の分布の空間分解能の劣化した (すなわちボケた) 分布となることが多々ある．このような場合，$\boldsymbol{Q}$ は推定解の分解能を記述したものと解釈でき，そのため $\boldsymbol{Q}$ はしばしば分解能行列と呼ばれる．

次に，ノイズゲインを調べてみよう．式 (5.51) から推定結果の共分散行列 $\boldsymbol{\Sigma}_x$ は，

$$\begin{aligned}\boldsymbol{\Sigma}_x &= E\left[(\widehat{\boldsymbol{x}} - E(\widehat{\boldsymbol{x}}))(\widehat{\boldsymbol{x}} - E(\widehat{\boldsymbol{x}}))^T\right] \\ &= E\left[\boldsymbol{H}^T(\boldsymbol{H}\boldsymbol{H}^T)^{-1}\boldsymbol{\varepsilon}\left(\boldsymbol{H}^T(\boldsymbol{H}\boldsymbol{H}^T)^{-1}\boldsymbol{\varepsilon}\right)^T\right] = \sigma^2\boldsymbol{H}^T(\boldsymbol{H}\boldsymbol{H}^T)^{-2}\boldsymbol{H}\end{aligned} \tag{5.55}$$

と求められる．ただし，$E(\boldsymbol{\varepsilon}\boldsymbol{\varepsilon}^T) = \sigma^2\boldsymbol{I}$ を用いた．上式は優決定の場合のノイズゲインの式 (4.21) と異なっているように見えるが，$\boldsymbol{H}$ の特異値分解

$$\boldsymbol{H} = \sum_{j=1}^{M} \gamma_j \boldsymbol{u}_j \boldsymbol{v}_j^T \tag{5.56}$$

を代入してみると

$$\boldsymbol{G}_n = \sum_{j=1}^{M} \frac{1}{\gamma_j^2} \boldsymbol{v}_j \boldsymbol{v}_j^T \tag{5.57}$$

となって，式 (5.18) と (和のインデックスの到達点が N ではなく M であることを除けば) 全く同じ式となる．

5.4.4 重み付きノルムの解

以上の議論では，劣決定系の推定解を解のノルム $\|\boldsymbol{x}\|^2 = \boldsymbol{x}^T\boldsymbol{x}$ を最小化して導いたが，この議論をさらに一般的な重み付きノルム $\boldsymbol{x}^T\boldsymbol{W}\boldsymbol{x}$ に拡張することも可能である．このとき最適化問題は

$$\widehat{\boldsymbol{x}} = \underset{\boldsymbol{x}}{\operatorname{argmin}}\, \boldsymbol{x}^T\boldsymbol{W}\boldsymbol{x} \quad \text{subject to} \quad \boldsymbol{y} = \boldsymbol{H}\boldsymbol{x} \tag{5.58}$$

と定式化できる．式 (5.58) に示す制約付き最適化で得られる解は

$$\widehat{\boldsymbol{x}} = \boldsymbol{W}^{-1}\boldsymbol{H}^T\left(\boldsymbol{H}\boldsymbol{W}^{-1}\boldsymbol{H}^T\right)^{-1}\boldsymbol{y} \tag{5.59}$$

となる [**問題 5.9**].

重み付きノルムの例として，画像処理の分野などで解の持つ好ましい性質の 1 つとして用いられる解の滑らかさが挙げられる．$x_1, x_2, \ldots, x_N$ が (画像のように) 空間的に隣り合った解とすれば，解の粗さ，あるいは滑らかさは

$$D = (x_1 - x_2)^2 + (x_2 - x_3)^2 + \cdots + (x_{N-1} - x_N)^2$$

のように隣の位置の推定結果との差分の二乗和 D で与えられる．この D は

$$\begin{bmatrix} 1 & -1 & 0 & \cdots & 0 \\ 0 & 1 & -1 & \cdots & 0 \\ \vdots & \vdots & \ddots & \ddots & 0 \\ 0 & 0 & \cdots & 1 & -1 \end{bmatrix} \begin{bmatrix} x_1 \\ x_2 \\ \vdots \\ x_N \end{bmatrix} = \begin{bmatrix} x_1 - x_2 \\ x_2 - x_3 \\ \vdots \\ x_{N-1} - x_N \end{bmatrix} \tag{5.60}$$

の関係を考慮すれば，$(N-1) \times N$ の行列 $\boldsymbol{A}$ を

$$\boldsymbol{A} = \begin{bmatrix} 1 & -1 & 0 & \cdots & 0 \\ 0 & 1 & -1 & \cdots & 0 \\ \vdots & \vdots & \ddots & \ddots & \vdots \\ 0 & 0 & \cdots & 1 & -1 \end{bmatrix} \tag{5.61}$$

とおいて，

$$D = \|\boldsymbol{A}\boldsymbol{x}\|^2 = (\boldsymbol{A}\boldsymbol{x})^T(\boldsymbol{A}\boldsymbol{x}) = \boldsymbol{x}^T\boldsymbol{A}^T\boldsymbol{A}\boldsymbol{x} \tag{5.62}$$

で与えられる．つまり，$\boldsymbol{W} = \boldsymbol{A}^T \boldsymbol{A}$ とすれば，画像の粗さは重み付きノルム $\boldsymbol{x}^T \boldsymbol{W} \boldsymbol{x}$ で表されることが理解できる．この場合，式 (5.59) による解は隣の要素との凸凹が最小となる，すなわち，滑らかさ最大の解である．

問　　題

5.1 式 (5.14) を証明せよ．

5.2 式 (5.16) を証明せよ．

5.3 式 (5.21) の成立を示せ．

5.4 式 (5.17) の右辺第 2 項は式 (5.18) に示すノイズゲイン $\boldsymbol{G}_n$ の等価な表現であることを示せ．

5.5 式 (5.29) を導出せよ．

5.6 式 (5.30) を導出せよ．

5.7 式 (5.37) で定義した $\boldsymbol{\Sigma}^{1/2}$ が式 (5.35) の関係を満たすことを示せ．

5.8 式 (5.41) を導出せよ．

5.9 式 (5.59) を導出せよ．

5.10 行列 $\boldsymbol{H}^T \boldsymbol{H}$ と $\boldsymbol{H}$ は同じ零空間を持つことを示せ．

5.11 優決定の場合の最小二乗解 (式 (4.15)) が存在するのは $\boldsymbol{H}$ の列ベクトルが線形独立な場合のみであることを問題 5.10 の結果を用いて示せ．

第6章　センサーアレイ信号処理

多数のセンサーを空間に配置し，電磁波や音響あるいは地震波といった波動の空間分布を計測し，その波動を発生している発生源についての情報を得るための信号処理技術をセンサーアレイ信号処理と呼ぶ．センサーアレイを用いた物理計測は，レーダーやソナーなどの軍事技術，地震波の探査やリモートセンシングなどの地球物理学の分野，生体活動によって生じる電場や磁場を生体外で計測し，生体活動に関する情報を得ようとする生体計測工学の分野など，現代の科学技術の諸分野で用いられている．センサーアレイ信号処理技術の中で最も重要な課題は，センサーアレイで計測した波動データから，その波動を発生している発生源の位置を推定する問題である．波動を発生している発生源をソースあるいは信号源と呼び，信号源の位置を推定する問題を信号源推定 (source localization) と呼ぶ．本章ではこの信号源推定法の基本的な考え方について述べる．

6.1　信号源推定法：問題の定式化

6.1.1　アレイ応答ベクトルと観測のモデル

ここでは時刻 t における信号源の空間分布を $s(\boldsymbol{\theta}, t)$ と表す．ここで，信号源の位置を表す座標を $\boldsymbol{\theta}$ で代表させる．信号源が3次元空間に分布しているなら $\boldsymbol{\theta} = (x, y, z)$ のように $\boldsymbol{\theta}$ は空間の直交座標を表すベクトルになり，レーダーのように信号源位置が方向で決定される場合には $\boldsymbol{\theta}$ は基準面からの俯角と仰角を含む球面上の方位を表すベクトルになる．空間に分布した信号源からの信号が j 番目のセンサーで検出され時刻 t で出力 $y_j(t)$ を生じるとして，センサーアレイの時刻 t での出力 (観測値) を以下の列ベクトル

$$\boldsymbol{y}(t) = \begin{bmatrix} y_1(t) \\ y_2(t) \\ \vdots \\ y_M(t) \end{bmatrix} \tag{6.1}$$

で表す．ここで，M はセンサーの総数である．

次に，位置 $\boldsymbol{\theta}$ に単位強度の信号源が存在するときの j 番目のセンサーからの出力を $h_j(\boldsymbol{\theta})$ とする．この $h_j(\boldsymbol{\theta})$ は j 番目のセンサーの位置 $\boldsymbol{\theta}$ における感度と考えることができる．1 番目から M 番目までの全てのセンサーの位置 $\boldsymbol{\theta}$ における感度，すなわちセンサーアレイの位置 $\boldsymbol{\theta}$ における感度は列ベクトル $\boldsymbol{h}(\boldsymbol{\theta})$ で表す．ここで，

$$\boldsymbol{h}(\boldsymbol{\theta}) = \begin{bmatrix} h_1(\boldsymbol{\theta}) \\ h_2(\boldsymbol{\theta}) \\ \vdots \\ h_M(\boldsymbol{\theta}) \end{bmatrix} \tag{6.2}$$

である．この $\boldsymbol{h}(\boldsymbol{\theta})$ は一般的にアレイ応答ベクトルと呼ばれる．

アレイ応答ベクトルを用いると，センサー出力 $\boldsymbol{y}(t)$ と信号源強度 $s(\boldsymbol{\theta}, t)$ の関係を

$$\boldsymbol{y}(t) = \int_S \boldsymbol{h}(\boldsymbol{\theta}) s(\boldsymbol{\theta}, t) d\boldsymbol{\theta} \tag{6.3}$$

と記述することができる．ここで積分は信号源が存在する可能性のある空間 S にわたって行う．この空間 S は信号源空間 (source space) と呼ばれる．センサーアレイ信号処理では，信号源の座標 $\boldsymbol{\theta}$ を与えたときにアレイ応答ベクトル $\boldsymbol{h}(\boldsymbol{\theta})$ を求める問題が順問題 (forward problem) である．

アレイ応答ベクトル $\boldsymbol{h}(\boldsymbol{\theta})$ はセンサーアレイの物理的な特性によって決まるものであり，センサーアレイがレーダーのアレイなのか，地震波のアレイなのか，あるいは神経活動によって頭部表面に生じる電位を計測する脳波センサーなのか等によって $\boldsymbol{h}(\boldsymbol{\theta})$ は異なる．本章では，個々の応用には立ち入らず，順問題は解けている，つまり，$\boldsymbol{\theta}$ を与えればアレイ応答ベクトル $\boldsymbol{h}(\boldsymbol{\theta})$ を求めることができるとして議論を進める．

通常はセンサー出力に加法的にノイズ $\boldsymbol{\varepsilon}$ が混入するので，式 (6.3) は

$$\boldsymbol{y} = \int_S \boldsymbol{h}(\boldsymbol{\theta}) s(\boldsymbol{\theta}) d\boldsymbol{\theta} + \boldsymbol{\varepsilon} \tag{6.4}$$

となる．式 (6.4) はセンサーアレイを用いた観測において信号源分布 $s(\boldsymbol{\theta}, t)$ と観測データ $\boldsymbol{y}(t)$ の関係を表す式である．ここで，数式表記の煩雑さを避けるため $s(\boldsymbol{\theta}, t)$ と $\boldsymbol{y}(t)$ の時間依存性 (t) を省略した．以後の説明においても誤解を生じる恐れがない限り t を省略して表記する．

6.1.2　低ランク信号モデル

ここで，信号源が Q 個の離散的な信号源から成り立っている場合を考え，さらに，信号源数 Q はセンサーの数 M よりも小さいと仮定する．このような信号は低ランク信号 (low-rank signal) と呼ばれる．低ランク信号の特性に関する議論は第 6.3 節で扱う．Q 個の離散的な信号源において，信号源位置を $\boldsymbol{\theta}_1, \boldsymbol{\theta}_2, \ldots, \boldsymbol{\theta}_Q$ と仮定すると，信号源分布は

$$s(\boldsymbol{\theta}) = \sum_{j=1}^{Q} s(\boldsymbol{\theta}_j) \delta(\boldsymbol{\theta} - \boldsymbol{\theta}_j) \tag{6.5}$$

と表すことができる．ここで，$\delta(\boldsymbol{\theta})$ はデルタ関数である．上式を式 (6.4) に代入すれば，式 (6.4) の離散表現として，

$$\boldsymbol{y} = \sum_{j=1}^{Q} s(\boldsymbol{\theta}_j) \boldsymbol{h}(\boldsymbol{\theta}_j) + \boldsymbol{\varepsilon} \tag{6.6}$$

を得る．

$Q \times 1$ の列ベクトル $\boldsymbol{x}$ を

$$\boldsymbol{x} = \begin{bmatrix} s(\boldsymbol{\theta}_1) \\ s(\boldsymbol{\theta}_2) \\ \vdots \\ s(\boldsymbol{\theta}_Q) \end{bmatrix} \tag{6.7}$$

と定義する．また，信号源位置でのアレイ応答ベクトルを列として持つ行列 $\boldsymbol{H}$ を

$$\boldsymbol{H} = [\boldsymbol{h}(\boldsymbol{\theta}_1), \boldsymbol{h}(\boldsymbol{\theta}_2), \ldots, \boldsymbol{h}(\boldsymbol{\theta}_Q)] \tag{6.8}$$

と定義すれば，式 (6.6) は

$$\boldsymbol{y} = \boldsymbol{H}\boldsymbol{x} + \boldsymbol{\varepsilon} \tag{6.9}$$

と表すことができる．上式は前章までで議論してきた線形離散モデルを表す式と同じであるが，重要な違いは，信号源位置 $\boldsymbol{\theta}_1, \ldots, \boldsymbol{\theta}_Q$ は未知であるので，式 (6.8) で定義される $\boldsymbol{H}$ は未知量であることである[1)]．先にも述べたように，信号源位置 $\boldsymbol{\theta}_1, \ldots, \boldsymbol{\theta}_Q$ を推定することを信号源推定 (source localization) と呼び，式 (6.9) における $\boldsymbol{H}$ を推定することと等価である．次節以降この信号源推定手法について説明する．

6.2　非線形最小二乗法を用いる信号源推定法

まず線形最小二乗法をさらに拡張することにより信号源推定を行う方法を紹介する．$\boldsymbol{H}$ が信号源位置 $\boldsymbol{\theta}_1, \ldots, \boldsymbol{\theta}_Q$ に依存することを明示的に示すために $\boldsymbol{H}(\boldsymbol{\theta}_1, \ldots, \boldsymbol{\theta}_Q)$ と書くことにすれば，最小二乗のコスト関数は

$$\mathcal{F} = ||\boldsymbol{y} - \boldsymbol{H}(\boldsymbol{\theta}_1, \ldots, \boldsymbol{\theta}_Q)\boldsymbol{x}||^2 \tag{6.10}$$

と表すことができる．式 (6.10) のコスト関数 $\mathcal{F}$ を最小にする $\boldsymbol{\theta}_1, \ldots, \boldsymbol{\theta}_Q$ が信号源位置の最小二乗推定解である．

この最小二乗解を求めるに際しての問題点は，式 (6.10) は未知量として線形パラメータ $\boldsymbol{x}$ と非線形パラメータ $\boldsymbol{\theta}_1, \ldots, \boldsymbol{\theta}_Q$ の両方を含んでいることである．このようなコスト関数を最小化するため，まず，線形パラメータ $\boldsymbol{x}$ と非線形パラメータ $\boldsymbol{\theta}_1, \ldots, \boldsymbol{\theta}_Q$ を分離する．このため $\boldsymbol{H}$ が既知の場合の $\boldsymbol{x}$ に対する最小二乗解

$$\widehat{\boldsymbol{x}} = (\boldsymbol{H}^T\boldsymbol{H})^{-1}\boldsymbol{H}^T\boldsymbol{y} \tag{6.11}$$

---

1) $\boldsymbol{\theta}$ が決まればアレイベクトル $\boldsymbol{h}(\boldsymbol{\theta})$ を求めることができるが，$\boldsymbol{\theta}_1, \ldots, \boldsymbol{\theta}_Q$ は未知であるので，アレイベクトルを求めることができないため，式 (6.8) を用いて $\boldsymbol{H}$ を求めることはできない．

を式 (6.10) に代入する．その結果，コスト関数 $\mathcal{F}$ は非線形パラメータ $\boldsymbol{\theta}_1$, $\ldots, \boldsymbol{\theta}_Q$ のみを含む

$$\mathcal{F} = \|(\boldsymbol{I} - \boldsymbol{H}(\boldsymbol{H}^T\boldsymbol{H})^{-1}\boldsymbol{H}^T)\boldsymbol{y}\|^2 \tag{6.12}$$

となる[2)]．

ここで，$\boldsymbol{\Pi}(\boldsymbol{\theta}_1, \ldots, \boldsymbol{\theta}_Q)$ を

$$\boldsymbol{\Pi}(\boldsymbol{\theta}_1, \ldots, \boldsymbol{\theta}_Q) = \boldsymbol{I} - \boldsymbol{H}(\boldsymbol{H}^T\boldsymbol{H})^{-1}\boldsymbol{H}^T \tag{6.13}$$

と表せば，信号源位置 $\boldsymbol{\theta}_1, \ldots, \boldsymbol{\theta}_Q$ の最適推定解は

$$\widehat{\boldsymbol{\theta}}_1, \ldots, \widehat{\boldsymbol{\theta}}_Q = \underset{\boldsymbol{\theta}_1,\ldots,\boldsymbol{\theta}_Q}{\operatorname{argmin}} \mathcal{F} = \underset{\boldsymbol{\theta}_1,\ldots,\boldsymbol{\theta}_Q}{\operatorname{argmin}} \|\boldsymbol{\Pi}(\boldsymbol{\theta}_1, \ldots, \boldsymbol{\theta}_Q)\boldsymbol{y}\|^2 \tag{6.14}$$

として求めることができる．しかし，上記の最小二乗推定は $\boldsymbol{\Pi}(\boldsymbol{\theta}_1, \ldots, \boldsymbol{\theta}_Q)$ という $\boldsymbol{\theta}_1, \ldots, \boldsymbol{\theta}_Q$ に関した非線形関数の最適化を行わなければならない．このコスト関数は $Q\times$(信号源空間 S の次元) に等しい次元を持ち，最適解を求めるためには，この高次元空間の探査を必要とする．そのため Q が大きくなると，いわゆる局所最適解 (local minimum) に解がトラップされてしまい正解が得られる保証はなく，偽の解を求めてしまう可能性が高くなる．したがって，ここに述べた方法は一般的には信号源数 Q がせいぜい 1 個あるいは 2 個程度の場合に有効な方法で，Q がこれ以上になると解の探査に必要な計算量が飛躍的に大きくなり，実用的な方法ではなくなる．

6.3 低ランク信号の性質を用いる信号源推定法

6.3.1 低ランク信号の性質

前節で述べた最小二乗法による信号源推定では信号源数 Q が大きくなると探査空間の次元が Q に比例して大きくなり，真の解を求めるのが難しくなるという問題があった．しかし，低ランク信号の性質を用いると，信号源の数 Q によらずに，信号源空間 S の次元の探査で解を求めることが可能な MUSIC(multiple signal classification) アルゴリズムを導くことができる．

2) 数式表現の煩雑さを避けるために，式 (6.11) および (6.12) では $\boldsymbol{H}$ の信号源位置 $\boldsymbol{\theta}_1, \ldots, \boldsymbol{\theta}_Q$ への依存性は省略して表記した．

このアルゴリズムを導くため，観測データの 2 次モーメント行列と信号源活動の 2 次モーメント行列の関係を導く．観測データの 2 次モーメント行列を $\boldsymbol{R}_y$ と定義する．すなわち，

$$\boldsymbol{R}_y = E\left[\boldsymbol{y}\boldsymbol{y}^T\right] \tag{6.15}$$

である．次に信号源活動の 2 次モーメント行列 $\boldsymbol{R}_s$ を，同様に，

$$\boldsymbol{R}_s = E\left[\boldsymbol{x}\boldsymbol{x}^T\right] \tag{6.16}$$

と定義する．ここでノイズに対して，正規分布の仮定

$$\boldsymbol{\varepsilon} \sim \mathcal{N}(\boldsymbol{\varepsilon}|0, \sigma^2\boldsymbol{I})$$

をおき，式 (6.9) を用いれば，データの 2 次モーメント行列 $\boldsymbol{R}_y$ と信号源活動の 2 次モーメント行列 $\boldsymbol{R}_s$ との間に

$$\boldsymbol{R}_y = \boldsymbol{H}\boldsymbol{R}_s\boldsymbol{H}^T + \sigma^2\boldsymbol{I} \tag{6.17}$$

の関係式を導くことができる [**問題 6.1**]．

ここで，式 (6.17) を用いて，観測データの 2 次モーメント行列 $\boldsymbol{R}_y$ のランクを調べてみよう．今，信号源活動の 2 次モーメント行列 $\boldsymbol{R}_s$ のランクは Q であるとする (信号源活動に 100% 相関しているものがない限り，$\boldsymbol{R}_s$ のランクは Q である)．$\boldsymbol{H}$ は各列が線形独立であれば，つまり，Q 個の信号源位置でのアレイ応答ベクトル $\boldsymbol{h}(\boldsymbol{\theta}_1), \ldots, \boldsymbol{h}(\boldsymbol{\theta}_Q)$ が線形独立であれば[3)]，$\boldsymbol{H}$ と $\boldsymbol{H}^T$ はランク Q の行列である．したがって，行列 $\boldsymbol{H}\boldsymbol{R}_s\boldsymbol{H}^T$ はランク Q の行列となる．

行列 $\boldsymbol{H}\boldsymbol{R}_s\boldsymbol{H}^T$ は $M \times M$ の行列なので，$\boldsymbol{H}\boldsymbol{R}_s\boldsymbol{H}^T$ の固有値展開は

[3)] アレイ応答ベクトルが線形独立であることは多くの場合妥当な仮定であるが，証明はセンサーアレイの物理的特性を用いなくてはならない．本書では証明なしでこの仮定を用いる．

$$\boldsymbol{H}\boldsymbol{R}_s\boldsymbol{H}^T = [\boldsymbol{e}_1, \ldots, \boldsymbol{e}_M]\begin{bmatrix} \lambda'_1 & 0 & \cdots & \cdot & \cdots & 0 \\ 0 & \ddots & \cdot & \cdot & \cdot & \vdots \\ \vdots & \cdot & \lambda'_Q & \cdot & \cdot & \cdot \\ \cdot & \cdot & \cdot & 0 & \cdot & 0 \\ \vdots & \cdot & \cdot & \cdot & \ddots & \vdots \\ 0 & \cdots & \cdot & 0 & \cdots & 0 \end{bmatrix}[\boldsymbol{e}_1, \ldots, \boldsymbol{e}_M]^T \tag{6.18}$$

となる．ここで，λ'_j と $\boldsymbol{e}_j$ はそれぞれ j 番目の固有値と固有ベクトルである．すなわち，$M \times M$ の行列 $\boldsymbol{H}\boldsymbol{R}_s\boldsymbol{H}^T$ は Q 個の正の固有値と $M-Q$ 個のゼロに等しい固有値を持つ．したがって，$\boldsymbol{R}_y$ の固有値展開は

$$\begin{aligned} \boldsymbol{R}_y &= \boldsymbol{H}\boldsymbol{R}_s\boldsymbol{H}^T + \sigma^2\boldsymbol{I} \\ &= [\boldsymbol{e}_1, \ldots, \boldsymbol{e}_M]\begin{bmatrix} \lambda_1 & 0 & \cdots & \cdot & \cdots & 0 \\ 0 & \ddots & \cdot & \cdot & \cdot & \vdots \\ \vdots & \cdot & \lambda_Q & \cdot & \cdot & \cdot \\ \cdot & \cdot & \cdot & \sigma^2 & \cdot & 0 \\ \vdots & \cdot & \cdot & \cdot & \ddots & \vdots \\ 0 & \cdots & \cdot & 0 & \cdots & \sigma^2 \end{bmatrix}[\boldsymbol{e}_1, \ldots, \boldsymbol{e}_M]^T \end{aligned} \tag{6.19}$$

となる．ここで，λ_j は行列 $\boldsymbol{R}_y$ の j 番目の固有値で，$\boldsymbol{H}\boldsymbol{R}_s\boldsymbol{H}^T$ の固有値との間には $\lambda_j = \lambda'_j + \sigma^2$ の関係がある．また，行列 $\boldsymbol{R}_y$ と $\boldsymbol{H}\boldsymbol{R}_s\boldsymbol{H}^T$ の固有ベクトルは等しい．また，これらの行列は実対称行列であるので固有ベクトル $\boldsymbol{e}_1, \ldots, \boldsymbol{e}_M$ は正規直交系をなす．

式 (6.19) から明らかなように，データの 2 次モーメント行列 $\boldsymbol{R}_y$ は $M-Q$ 個のノイズの分散に等しい大きさの固有値と，Q 個のノイズの分散より大きな固有値を持つ．この Q 個のノイズ分散より大きな固有値 $\lambda_1 \geq \cdots \geq \lambda_Q \geq \sigma^2$ を信号レベル固有値，$M-Q$ 個の σ^2 に等しい固有値をノイズレベル固有値と呼び，これらに対応した固有ベクトルをそれぞれ信号レベル固有ベクトル，ノイズレベル固有ベクトルと呼ぶ．

式 (6.18) と (6.19) から明らかなように，

$$\boldsymbol{R}_y - \sigma^2 \boldsymbol{I} = \boldsymbol{H}\boldsymbol{R}_s\boldsymbol{H}^T = \sum_{j=1}^{Q} \lambda'_j \boldsymbol{e}_j \boldsymbol{e}_j^T \tag{6.20}$$

であるので，上式の両辺に右から $\boldsymbol{R}_y$ のノイズレベル固有ベクトル $\boldsymbol{e}_k$ $(k = Q+1, \ldots, M)$ を乗じると，

$$\boldsymbol{H}\boldsymbol{R}_s\boldsymbol{H}^T\boldsymbol{e}_k = \left[\sum_{j=1}^{Q} \lambda'_j \boldsymbol{e}_j \boldsymbol{e}_j^T\right] \boldsymbol{e}_k = \boldsymbol{0} \tag{6.21}$$

となる．式 (6.21) から

$$\boldsymbol{H}^T\boldsymbol{e}_k = [\boldsymbol{h}(\boldsymbol{\theta}_1), \boldsymbol{h}(\boldsymbol{\theta}_2), \ldots, \boldsymbol{h}(\boldsymbol{\theta}_Q)]^T \boldsymbol{e}_k = \boldsymbol{0} \tag{6.22}$$

つまり，

$$\boldsymbol{h}^T(\boldsymbol{\theta}_1)\boldsymbol{e}_k = 0,\ \boldsymbol{h}^T(\boldsymbol{\theta}_2)\boldsymbol{e}_k = 0,\ \ldots,\ \boldsymbol{h}^T(\boldsymbol{\theta}_Q)\boldsymbol{e}_k = 0 \tag{6.23}$$

が $\boldsymbol{R}_y$ のノイズレベル固有ベクトル $\boldsymbol{e}_k$ $(k = Q+1, \ldots, M)$ について成り立つ．つまり，アレイ応答ベクトル $\boldsymbol{h}(\boldsymbol{\theta})$ は信号源位置 $\boldsymbol{\theta}_1, \ldots, \boldsymbol{\theta}_Q$ において $\boldsymbol{R}_y$ のノイズレベル固有ベクトル $\boldsymbol{e}_k$ と直交する．

6.3.2　MUSIC アルゴリズム

MUSIC(multiple signal classification) アルゴリズムは上述の直交性を用いて，高次元の探査を行うことなしに，複数個の信号源の位置推定を行おうとするアルゴリズムである．このアルゴリズムでは，時刻 $t_1, \ldots, t_K$ における観測データ $\boldsymbol{y}(t_1), \ldots, \boldsymbol{y}(t_k)$ を用いて，観測データの標本 2 次モーメント行列

$$\widehat{\boldsymbol{R}}_y = \frac{1}{K}\sum_{k=1}^{K} \boldsymbol{y}(t_k)\boldsymbol{y}^T(t_k) \tag{6.24}$$

をまず計算する．次に，$\widehat{\boldsymbol{R}}_y$ の固有値展開を行い，ノイズレベル固有ベクトル $\widehat{\boldsymbol{e}}_{Q+1}, \ldots, \widehat{\boldsymbol{e}}_M$ を求める．そしてアレイ応答ベクトル $\boldsymbol{h}(\boldsymbol{\theta})$ と $[\widehat{\boldsymbol{e}}_{Q+1}, \ldots, \widehat{\boldsymbol{e}}_M]$ の直交性を信号源空間を探査しながら調べる．直交性の探査は

$$\| [\widehat{\boldsymbol{e}}_{Q+1}, \ldots, \widehat{\boldsymbol{e}}_M]^T \boldsymbol{h}(\boldsymbol{\theta}) \|^2 \tag{6.25}$$

を計算し，この量がゼロとなる(実際の数値計算ではゼロに非常に近くなる)$\boldsymbol{\theta}$ を選ぶ．この探査は式(6.25)を信号源空間の種々の位置で計算することであり，信号源の数 Q によらず，信号源空間 S の次元の探査ですむ．これが，第6.2節で述べた最小二乗法を基にした方法に対する大きな優位点である．

6.3.3 信号およびノイズ部分空間

MUSIC アルゴリズムは低ランク信号の性質から導かれた有用なアルゴリズムである．その理論的な背景を信号部分空間とノイズ部分空間を用いてさらに説明しよう．これら部分空間についての線形数学上の基本事項は付録A.9およびA.10節にまとめてある．まずこれらの節を一読してから本節を読むことを勧める．

Q 個の信号源位置でのアレイ応答ベクトル $\boldsymbol{h}(\boldsymbol{\theta}_1), \ldots, \boldsymbol{h}(\boldsymbol{\theta}_Q)$ は線形独立であると仮定し，この Q 個のアレイ応答ベクトル $\boldsymbol{h}(\boldsymbol{\theta}_1), \ldots, \boldsymbol{h}(\boldsymbol{\theta}_Q)$ によって張られる空間を $\mathcal{E}_S$ として，信号部分空間と呼ぶ．すなわち，信号部分空間は，付録A.9節で定義した表記法を用いて，

$$\mathcal{E}_S = span\{\boldsymbol{h}(\boldsymbol{\theta}_1), \ldots, \boldsymbol{h}(\boldsymbol{\theta}_Q)\} \tag{6.26}$$

と定義される．アレイ応答ベクトル $\boldsymbol{h}(\boldsymbol{\theta}_1), \ldots, \boldsymbol{h}(\boldsymbol{\theta}_Q)$ は $M \times 1$ の実数ベクトルであり，全ての $M \times 1$ の実数列ベクトルの集合を $\Re^M$ とすれば，$\mathcal{E}_S$ は $\Re^M$ の Q 次元の部分空間である．

ここで，式(6.6)にもどって，式(6.6)の右辺第1項を $\boldsymbol{y}_s$ とおいて，観測データ $\boldsymbol{y}$ を信号成分 $\boldsymbol{y}_s$ とノイズ成分 $\boldsymbol{\varepsilon}$ に分ける．つまり，

$$\boldsymbol{y} = \boldsymbol{y}_s + \boldsymbol{\varepsilon} \tag{6.27}$$

とする．ここで信号成分 $\boldsymbol{y}_s$ は

$$\boldsymbol{y}_s = s(\boldsymbol{\theta}_1)\boldsymbol{h}(\boldsymbol{\theta}_1) + \cdots + s(\boldsymbol{\theta}_Q)\boldsymbol{h}(\boldsymbol{\theta}_Q) \tag{6.28}$$

と表される．式(6.28)は，この信号成分ベクトル $\boldsymbol{y}_s$ が Q 個の線形独立な

アレイ応答ベクトル $\boldsymbol{h}(\boldsymbol{\theta}_1),\ldots,\boldsymbol{h}(\boldsymbol{\theta}_Q)$ の線形和で表されることを示している．つまり，式 (6.28) は，信号成分 $\boldsymbol{y}_s$ は信号部分空間の 1 要素であり

$$\boldsymbol{y}_s \in \mathcal{E}_S = span\{\boldsymbol{h}(\boldsymbol{\theta}_1),\ldots,\boldsymbol{h}(\boldsymbol{\theta}_Q)\} \tag{6.29}$$

が成り立つことを示している．

次に，行列 $\boldsymbol{H}$ の左側零空間をノイズ部分空間と定義する．すなわち，ノイズ部分空間を $\mathcal{E}_N$ とすると

$$\mathcal{E}_N = \{\boldsymbol{a}|\boldsymbol{a}^T\boldsymbol{H} = \boldsymbol{0}, \boldsymbol{a} \in \Re^M\} \tag{6.30}$$

である．上式は，M 次元の実数ベクトル $\boldsymbol{a}$ のうちで，$\boldsymbol{a}^T\boldsymbol{H} = \boldsymbol{0}$ を満たす全ての $\boldsymbol{a}$ の集合を $\mathcal{E}_N$ とすることを意味している．ここで，信号部分空間 $\mathcal{E}_S$ とノイズ部分空間 $\mathcal{E}_N$ は直交補空間をなすことが知られている．すなわち，$\mathcal{E}_S$ の任意の要素を $\boldsymbol{e}_s$，$\mathcal{E}_N$ の任意の要素を $\boldsymbol{e}_n$ とすると，それらは直交し

$$\boldsymbol{e}_s^T\boldsymbol{e}_n = 0 \tag{6.31}$$

を満たす．

ところで，信号源位置での Q 個のアレイ応答ベクトル $\boldsymbol{h}(\boldsymbol{\theta}_1),\ldots,\boldsymbol{h}(\boldsymbol{\theta}_Q)$ は信号部分空間 $\mathcal{E}_S$ のベクトルである．ノイズ部分空間の基底ベクトルを $\boldsymbol{\beta}_1,\ldots,\boldsymbol{\beta}_{M-Q}$ とすれば，式 (6.31) に示す直交性の関係から，これらは全て信号源位置での Q 個のアレイ応答ベクトルと直交するので，

$$[\boldsymbol{h}(\boldsymbol{\theta}_1),\ldots,\boldsymbol{h}(\boldsymbol{\theta}_Q)]^T\boldsymbol{\beta}_j = \boldsymbol{0} \quad (j = 1,\ldots,M-Q) \tag{6.32}$$

が成り立つ．また，信号源の位置以外の $\boldsymbol{\theta}$ では

$$\boldsymbol{h}(\boldsymbol{\theta})^T\boldsymbol{\beta}_j \neq 0 \quad (j = 1,\ldots,M-Q) \tag{6.33}$$

である [**問題 6.2**]．したがって，もしノイズ部分空間の基底ベクトル $\boldsymbol{\beta}_1,\ldots,\boldsymbol{\beta}_{M-Q}$ を知ることができれば，式 (6.32) の直交性を利用して信号源位置 $\boldsymbol{\theta}_1,\ldots,\boldsymbol{\theta}_Q$ を知ることができる．これが，MUSIC アルゴリズムの基本アイデアである．

それでは，ノイズ部分空間の基底ベクトルをどのようにして推定できる

であろうか．実は，観測データの標本2次モーメント行列 $\widehat{\boldsymbol{R}}_y$ のノイズレベル固有ベクトルの張る空間がノイズ部分空間の最尤推定解となっていることを示すことができる．この証明は少々長いので本章の補遺として第6.5節に記載した．2次モーメント行列 $\widehat{\boldsymbol{R}}_y$ のノイズレベル固有ベクトル $\widehat{\boldsymbol{e}}_{Q+1},\ldots,\widehat{\boldsymbol{e}}_M$ をノイズ部分空間の基底ベクトルとして，アレイ応答ベクトルとノイズ部分空間の直交性を評価しようとするのが式 (6.25) の評価式である．このようにMUSICアルゴリズムはノイズ部分空間と信号部分空間が直交補空間をなすことから，その直交性を利用して信号源推定を行うアルゴリズムである．

6.4 線形離散モデルに近似する方法

本章でこれまでに述べてきた方法は信号源の位置パラメータ $\boldsymbol{\theta}_1,\ldots,\boldsymbol{\theta}_Q$ を直接推定しようとする方法である．本節ではしばしば用いられる少々異なるアプローチを紹介する．本節の方法は $\boldsymbol{H}$ を既知の行列 $\widetilde{\boldsymbol{H}}$ で近似しようとするものである．既知の $\widetilde{\boldsymbol{H}}$ を用いて，式 (6.9) を近似した観測データのモデルを導出できれば，推定問題は前章までに述べてきた線形最小二乗法を基にした方法を用いて解くことができる．

それでは，$\boldsymbol{H}$ を近似した $\widetilde{\boldsymbol{H}}$ はどのようにして求めることができるであろうか．このような $\widetilde{\boldsymbol{H}}$ を求める手っ取り早い方法は信号源空間を細かい領域に分割し，式 (6.4) を近似することである．この分割された細かい領域は，画像工学の分野ではしばしばボクセルあるいはピクセルと呼ばれる．各領域 (各ボクセル) の座標を $\widetilde{\boldsymbol{\theta}}_1,\widetilde{\boldsymbol{\theta}}_2,\ldots,\widetilde{\boldsymbol{\theta}}_N$ として，信号源分布を

$$s(\boldsymbol{\theta}) \approx \sum_{j=1}^{N} s(\widetilde{\boldsymbol{\theta}}_j)\delta(\boldsymbol{\theta}-\widetilde{\boldsymbol{\theta}}_j) \tag{6.34}$$

と近似する．すると式 (6.4) は

$$\boldsymbol{y} \approx \sum_{j=1}^{N} s(\widetilde{\boldsymbol{\theta}}_j)\boldsymbol{h}(\widetilde{\boldsymbol{\theta}}_j)+\boldsymbol{\varepsilon} \tag{6.35}$$

となる．したがって，

$$\widetilde{\boldsymbol{H}} = [\boldsymbol{h}(\widetilde{\boldsymbol{\theta}}_1), \boldsymbol{h}(\widetilde{\boldsymbol{\theta}}_2), \ldots, \boldsymbol{h}(\widetilde{\boldsymbol{\theta}}_N)] \tag{6.36}$$

$$\widetilde{\boldsymbol{x}} = \begin{bmatrix} s(\widetilde{\boldsymbol{\theta}}_1) \\ s(\widetilde{\boldsymbol{\theta}}_2) \\ \vdots \\ s(\widetilde{\boldsymbol{\theta}}_N) \end{bmatrix} \tag{6.37}$$

とすれば，式 (6.9) に対応した，

$$\boldsymbol{y} \approx \widetilde{\boldsymbol{H}}\widetilde{\boldsymbol{x}} + \boldsymbol{\varepsilon} \tag{6.38}$$

が得られる．

式 (6.38) と式 (6.9) の違いは何であろうか．それは，式 (6.9) においては，$\boldsymbol{H}$ は信号源位置でのアレイベクトルを列として持つ行列であり，未知量であるのに対して，式 (6.38) においては，$\widetilde{\boldsymbol{H}}$ はボクセル位置でのアレイベクトルを列として持つ行列である．ボクセル位置はわれわれが自由に決めることができるため，$\widetilde{\boldsymbol{H}}$ は完全に決定できるものである．したがって，式 (6.38) から解ベクトル $\widetilde{\boldsymbol{x}}$ を求めるには，前章までに述べた方法を用いることができる．

式 (6.38) における 1 つの問題は，ボクセルはある程度の細かさで設定しなければならないため，通常，ボクセル数 N はセンサー数 M をはるかに超えてしまうことである．この場合は第 5.4 節で述べたミニマムノルムの解などを用いることになるが，N が M に比べてあまりに大きい場合は，高精度な解は期待できない．

6.5　補遺：ノイズ部分空間の最尤推定

本節では観測データの標本 2 次モーメント行列 $\widehat{\boldsymbol{R}}_y$ のノイズレベル固有ベクトルが張る空間はノイズ部分空間の最尤推定解を与えることを示す．以下の導出は Scharf(文献 4) を参考にした．まず，式 (6.27) を時間 t を明示して書くと

$$\boldsymbol{y}(t) = \boldsymbol{y}_s(t) + \boldsymbol{\varepsilon} \tag{6.39}$$

となる．$M \times 1$ の信号ベクトル $\boldsymbol{y}_s(t)$ は未知であるが，式 (6.28) より $\boldsymbol{y}_s(t)$ は線形独立な Q 個のベクトル $\boldsymbol{h}(\boldsymbol{\theta}_j)$，$(j = 1, \ldots, Q)$ が張る空間，すなわち，Q 次元の空間に存在することがわかる．したがって，$M - Q$ 個の線形独立なベクトル $\boldsymbol{a}_j (j = Q+1, \ldots, M)$ が存在し，これらは

$$\boldsymbol{a}_j^T \boldsymbol{y}_s(t) = 0 \tag{6.40}$$

の関係を満たす．

ここでノイズ $\boldsymbol{\varepsilon}$ に対して正規分布

$$\boldsymbol{\varepsilon} \sim \mathcal{N}(\boldsymbol{\varepsilon}|\boldsymbol{0}, \sigma^2 \boldsymbol{I})$$

を仮定し，K 個の時間点で観測された観測データを $\boldsymbol{y}(t_k)\,(k = 1, \ldots, K)$ とすれば，信号成分 $\boldsymbol{y}_s(t_k)$ に対する対数尤度関数 $\log \mathcal{L}(\boldsymbol{y}_s(t_k))$ は

$$\log \mathcal{L}(\boldsymbol{y}_s(t_k)) = -\frac{1}{2\sigma^2} \sum_{k=1}^{K} [\boldsymbol{y}(t_k) - \boldsymbol{y}_s(t_k)]^T [\boldsymbol{y}(t_k) - \boldsymbol{y}_s(t_k)] \tag{6.41}$$

で与えられる．したがって，信号ベクトル $\boldsymbol{y}_s(t_k)$ の推定解は，式 (6.40) の制約条件のもとで式 (6.41) の対数尤度関数を最大にする解として求めることができる．

この制約付き最適化問題はラグランジェ未定定数法により解くことができる．ラグランジェ定数を $\kappa_j(t_k)$ としてラグランジアンを

$$\mathbb{L} = \sum_{k=1}^{K} \left[[\boldsymbol{y}(t_k) - \boldsymbol{y}_s(t_k)]^T [\boldsymbol{y}(t_k) - \boldsymbol{y}_s(t_k)] + \sum_{j=Q+1}^{M} \kappa_j(t_k) \boldsymbol{a}_j^T \boldsymbol{y}_s(t_k) \right] \tag{6.42}$$

と定義する．ここで，

$$\boldsymbol{A} = [\boldsymbol{a}_{Q+1}, \ldots, \boldsymbol{a}_M] \tag{6.43}$$

$$\boldsymbol{\kappa}(t_k) = [\kappa_{Q+1}(t_k), \ldots, \kappa_M(t_k)]^T \tag{6.44}$$

と定義すればラグランジアンは

$$\mathbb{L} = \sum_{k=1}^{K} \Big[[\boldsymbol{y}(t_k) - \boldsymbol{y}_s(t_k)]^T [\boldsymbol{y}(t_k) - \boldsymbol{y}_s(t_k)] + \boldsymbol{\kappa}^T(t_k) \boldsymbol{A}^T \boldsymbol{y}_s(t_k) \Big] \tag{6.45}$$

と表される．

式 (6.45) の右辺を $\boldsymbol{y}_s(t_k)$ で微分すれば，

$$\frac{\partial \mathbb{L}}{\partial \boldsymbol{y}_s(t_k)} = -2\,[\boldsymbol{y}(t_k) - \boldsymbol{y}_s(t_k)] + \boldsymbol{A}\boldsymbol{\kappa}(t_k) \tag{6.46}$$

となり，この式の右辺をゼロとおいて

$$\boldsymbol{y}_s(t_k) = \boldsymbol{y}(t_k) - \frac{1}{2}\boldsymbol{A}\boldsymbol{\kappa}(t_k) \tag{6.47}$$

を得る．次に式 (6.45) の右辺を $\boldsymbol{\kappa}^T(t_k)$ で微分してゼロとおけば，制約条件の式である $\boldsymbol{A}^T \boldsymbol{y}_s(t_k) = \boldsymbol{0}$ を得るので，これに式 (6.47) を代入すれば

$$\boldsymbol{A}^T [\boldsymbol{y}(t_k) - \frac{1}{2}\boldsymbol{A}\boldsymbol{\kappa}(t_k)] = \boldsymbol{0} \tag{6.48}$$

となる．上式よりラグランジェ定数の値として

$$\boldsymbol{\kappa}(t_k) = 2(\boldsymbol{A}^T\boldsymbol{A})^{-1}\boldsymbol{A}^T\boldsymbol{y}(t_k) \tag{6.49}$$

を得る．これを再び式 (6.47) に代入して，$\boldsymbol{y}_s(t_k)$ の最尤推定解として，結局，

$$\widehat{\boldsymbol{y}}_s(t_k) = \boldsymbol{y}(t_k) - \boldsymbol{A}(\boldsymbol{A}^T\boldsymbol{A})^{-1}\boldsymbol{A}^T\boldsymbol{y}(t_k) = (\boldsymbol{I} - \boldsymbol{\Pi}_A)\boldsymbol{y}(t_k) \tag{6.50}$$

を得る．ここで，$\boldsymbol{\Pi}_A$ は

$$\boldsymbol{\Pi}_A = \boldsymbol{A}(\boldsymbol{A}^T\boldsymbol{A})^{-1}\boldsymbol{A}^T$$

である．

式 (6.50) に示す最尤推定解 $\widehat{\boldsymbol{y}}_s(t_k)$ は，$\boldsymbol{A}$ が既知の場合の最尤推定解である．ここで，$\boldsymbol{A}$ が未知の場合には対数尤度の残差をさらに最大にする $\boldsymbol{A}$ をノイズ部分空間の最尤推定解として求める．$\widehat{\boldsymbol{y}}_s(t_k)$ が式 (6.50) で表される場合の尤度関数の残差は，式 (6.50) を式 (6.41) に代入して，

$$\log \mathcal{L}(\widehat{\boldsymbol{y}}_s(t_k)) = -\frac{1}{2\sigma^2}\sum_{k=1}^{K}\boldsymbol{y}^T(t_k)\boldsymbol{\Pi}_A\boldsymbol{y}(t_k) = -\frac{K}{2\sigma^2}\,\mathrm{tr}[\boldsymbol{\Pi}_A\widehat{\boldsymbol{R}}_y] \qquad (6.51)$$

である．ここで $\widehat{\boldsymbol{R}}_y$ は標本データ 2 次モーメント行列

$$\widehat{\boldsymbol{R}}_y = \frac{1}{K}\sum_{k=1}^{K}\boldsymbol{y}(t_k)\boldsymbol{y}^T(t_k)$$

である．

式 (6.51) の右辺を最大とする $\boldsymbol{A}$ を求めるのであるが，この右辺は，実は，上限，

$$-\frac{K}{2\sigma^2}\,\mathrm{tr}[\boldsymbol{\Pi}_A\widehat{\boldsymbol{R}}_y] \leq -\frac{K}{2\sigma^2}\sum_{j=Q+1}^{M}\lambda_j \qquad (6.52)$$

を持ち，上限は $\boldsymbol{\Pi}_A$ が

$$\boldsymbol{\Pi}_A = [\widehat{\boldsymbol{e}}_{Q+1},\ldots,\widehat{\boldsymbol{e}}_M][\widehat{\boldsymbol{e}}_{Q+1},\ldots,\widehat{\boldsymbol{e}}_M]^T \qquad (6.53)$$

となる時に達成されることが知られている．ここで λ_j と $\widehat{\boldsymbol{e}}_j$ は $\widehat{\boldsymbol{R}}_y$ の j 番目の固有値と固有ベクトルである．式 (6.53) は $\widehat{\boldsymbol{R}}_y$ のノイズレベル固有ベクトルが張る空間がノイズ部分空間の最尤推定解であること，このとき，$\boldsymbol{\Pi}_A$ はノイズ部分空間への射影演算子の最尤推定解であるを示している．

問　　題

6.1 式 (6.17) を証明せよ．

6.2 式 (6.33) を証明せよ．

第7章　ベイズ推定の基礎

本章では，ベイズの定理を含むベイズ推定の基本的な考え方について説明する．前章までで説明した最尤推定法および最小二乗法との違いについても述べる．

7.1　ベイズの定理

本節ではまずベイズの定理について説明する．まず

$$\text{事象 } A \text{ の起こる確率：} P(A)$$
$$\text{事象 } B \text{ の起こる確率：} P(B)$$

と定義する．事象 B が起こった場合に事象 A の起こる確率を，B を条件とする A の条件付き確率と呼び，$P(A|B)$ と表す．これは

$$P(A|B) = \frac{P(A,B)}{P(B)} \tag{7.1}$$

と定義される．ここで，$P(A,B)$ は事象 A と B が両方起こる確率である．この $P(A,B)$ は $P(A \cap B)$ と表記される場合もある．本書ではこの両方の表記を同じ意味で用いる．また，式 (7.1) は複数個の条件があっても成立する．例えば，

$$P(A|B,C) = \frac{P(A,B|C)}{P(B|C)} \tag{7.2}$$

が成り立つ [**問題 7.1**]．

ここで，事象 A と事象 B が独立な場合

$$P(A,B) = P(A \cap B) = P(A)P(B)$$

であるので，式 (7.1) から

$$P(A|B) = \frac{P(A)P(B)}{P(B)} = P(A) \tag{7.3}$$

を得る．つまり，事象 A と事象 B が独立ならば，条件付き確率 $P(A|B)$ は単に $P(A)$ に等しくなる．この独立性の考え方を拡張して，条件付き独立を

$$P(A|B,C) = P(A|C) \tag{7.4}$$

と定義しよう．式 (7.4) は条件 C が与えられたとき，事象 A と事象 B は独立であることを示している．条件付き独立性はまた，式 (7.2) を用いて，

$$P(A,B|C) = P(A|B,C)P(B|C) = P(A|C)P(B|C) \tag{7.5}$$

と表すこともできる．

つぎに，ベイズの定理を導いてみよう．式 (7.1) から

$$P(A \cap B) = P(A,B) = P(A|B)P(B) \tag{7.6}$$

$$P(B \cap A) = P(B,A) = P(B|A)P(A) \tag{7.7}$$

の 2 つの式を導くことができる．当然ながら $P(A \cap B) = P(B \cap A)$ であるので，これらを組み合わせると，

$$P(B|A) = \frac{P(A|B)P(B)}{P(A)} \tag{7.8}$$

を導くことができる．式 (7.8) はベイズの定理 (Bayes rule) と呼ばれ，ベイズ推定の基礎となるものである．さらに 2 個の条件がついた場合では，条件付き確率の式 (7.2) を用いてベイズの定理は

$$P(B|A,C) = \frac{P(A|B,C)P(B|C)}{P(A|C)} \tag{7.9}$$

と表すことができる．

ベイズの定理は簡単に導くことができるが，かなり深い意味づけを行うことが可能である．以下，もう少し詳しく見ていこう．さらに一般的な例として，原因 $H_1, H_2, \ldots, H_k$ からある結果 A が生じる場合を考える．ここで，2 つ以上の原因が同時に起こって結果 A を生じる事はないとする．つまり原因 $H_1, H_2, \ldots, H_k$ は互いに排反である．また，原因は $H_1, H_2, \ldots, H_k$ で全てであり，これ以外の原因はないとする．つまり Ω を全事象として，

$$H_1 \cup H_2 \cup \cdots \cup H_k = \Omega \tag{7.10}$$

である．われわれが知っているのは通常 $P(A|H_j)$，つまり H_j を原因として A が起こる確率である．これは，第 4.1 節で考察した順問題の考えを一般化したものである．科学技術のいろいろな分野で (あるいはわれわれの日常生活でも)，A が起きたとして，その原因が H_j である確率 $P(H_j|A)$ を求めたいという場面が多くある．ここで $P(H_j|A)$ を求めることは逆問題を解くことに他ならない．ベイズ推定ではベイズの定理

$$P(H_j|A) = \frac{P(A|H_j)P(H_j)}{P(A)} \tag{7.11}$$

を基にして逆推定を行うことになる．

式 (7.11) をもう少し見通しのいい形に書き換えるため，まず，式 (7.10) を用いれば，

$$A = A \cap \Omega = A \cap (H_1 \cup \cdots \cup H_k) = (A \cap H_1) \cup \cdots \cup (A \cap H_k) \tag{7.12}$$

である．ここで，事象 $(A \cap H_1), \ldots, (A \cap H_k)$ は互いに排反であるので，式 (7.12) から

$$\begin{aligned} P(A) &= P\left((A \cap H_1) \cup \cdots \cup (A \cap H_k)\right) \\ &= \sum_{j=1}^{k} P\left(A \cap H_j\right) = \sum_{j=1}^{k} P(A|H_j)P(H_j) \end{aligned} \tag{7.13}$$

を得る．式 (7.13) を式 (7.11) の分母に代入すれば，ベイズの定理の別の表し方として

$$P(H_j|A) = \frac{P(A|H_j)P(H_j)}{\sum_{i=1}^{k} P(A|H_i)P(H_i)} \tag{7.14}$$

を得る．上式を用いることにより，もし，$P(A|H_i)$ と $P(H_i)$ が全ての $i = 1, \ldots, k$ でわかっていれば $P(H_j|A)$，すなわち，結果 A を得た原因が H_j である確率を求めることができる．以上がベイズ推定の基本的な考え方である．

7.2　確率密度分布とベイズの定理

第 1.4 節で議論した多変数の確率密度分布を思い出そう．確率変数 X_1 および X_2 に対する同時確率密度分布を $f(x_1, x_2)$ とすれば，

$$P(a \le X_1 \le b,\, c \le X_2 \le d) = \int_c^d \int_a^b f(x_1, x_2) dx_1 dx_2$$

が成り立つ．さらに，周辺化と呼ばれる次の操作，

$$f(x_1) = \int_{-\infty}^{\infty} f(x_1, x_2) dx_2 \quad \text{および} \quad f(x_2) = \int_{-\infty}^{\infty} f(x_1, x_2) dx_1$$

を行うことで，確率変数 X_1 あるいは X_2 のみの確率密度分布 $f(x_1)$ および $f(x_2)$ を求めることができる．ここで，$f(x_1, x_2)$，$f(x_1)$，$f(x_2)$ は関数としてはまったく別のものであるが，ベイズ推定の議論では数式表記上の煩雑さを避けるため同じ記号 $f(\cdot)$ を使って表すことが多い．本書でも誤解を生じない限りこの慣習に従う．

これらの確率密度分布は確率との間に dx_1 と dx_2 を微少量として

$$P(x_1 \le X_1 \le x_1 + dx_1, x_2 \le X_2 \le x_2 + dx_2) = f(x_1, x_2) dx_1 dx_2 \tag{7.15}$$

$$P(x_1 \le X_1 \le x_1 + dx_1) = f(x_1) dx_1 \tag{7.16}$$

$$P(x_2 \le X_2 \le x_2 + dx_2) = f(x_2) dx_2 \tag{7.17}$$

の関係があることを思い出そう．この考え方を拡張して条件付き確率密度分布 $f(x_1|x_2)$ を

$$P(x_1 \le X_1 \le x_1 + dx_1 | x_2 \le X_2 \le x_2 + dx_2) = f(x_1|x_2) dx_1 \tag{7.18}$$

と定義しよう．上式左辺は確率変数 X_2 が無限小区間 $[x_2, x_2 + dx_2]$ にある場合に，確率変数 X_1 が無限小区間 $[x_1, x_1 + dx_1]$ の値を取る確率の意味である．式 (7.15) と式 (7.17) を用いて式 (7.18) の左辺を変形すれば，

$$\begin{aligned} &P(x_1 \le X_1 \le x_1 + dx_1 | x_2 \le X_2 \le x_2 + dx_2) \\ &= \frac{P(x_1 \le X_1 \le x_1 + dx_1, x_2 \le X_2 \le x_2 + dx_2)}{P(x_2 \le X_2 \le x_2 + dx_2)} \\ &= \frac{f(x_1, x_2) dx_1 dx_2}{f(x_2) dx_2} = \frac{f(x_1, x_2)}{f(x_2)} dx_1 \end{aligned} \tag{7.19}$$

を得る．したがって，式 (7.18) の右辺と式 (7.19) の右辺を比較して，条件付き確率密度分布に関して

$$f(x_1|x_2) = \frac{f(x_1, x_2)}{f(x_2)} \tag{7.20}$$

の関係を得る．確率変数 X_1 と X_2 が独立な場合，$f(x_1, x_2) = f(x_1)f(x_2)$ であるので，当然ながら

$$f(x_1|x_2) = \frac{f(x_1)f(x_2)}{f(x_2)} = f(x_1) \tag{7.21}$$

となる．

式 (7.20) の導出と全く同様にして

$$f(x_2|x_1) = \frac{f(x_1, x_2)}{f(x_1)} \tag{7.22}$$

を導くこともできる．したがって，確率密度分布を用いたベイズの定理は

$$f(x_2|x_1) = \frac{f(x_1|x_2)f(x_2)}{f(x_1)} \tag{7.23}$$

と表される．ところで，

$$f(x_1) = \int_{-\infty}^{\infty} f(x_1, x_2)dx_2 = \int_{-\infty}^{\infty} f(x_1|x_2)f(x_2)dx_2 \tag{7.24}$$

であるので，ベイズの定理の連続表現として，

$$f(x_2|x_1) = \frac{f(x_1|x_2)f(x_2)}{\int_{-\infty}^{\infty} f(x_1|x_2)f(x_2)dx_2} \tag{7.25}$$

を得る．上式右辺の分母は結局，

$$\int_{-\infty}^{\infty} f(x_2|x_1)dx_2 = 1 \tag{7.26}$$

が成立するための規格化定数であり，実際の応用にとってあまり重要でないことが多い．そのためベイズの定理の分母を省略し，

$$f(x_2|x_1) \propto f(x_1|x_2)f(x_2) \tag{7.27}$$

と表すことも多い．また，複数個の確率変数が条件についた場合でも全く同じようにベイズの定理は成立し，例えば

$$f(x_2|x_1, y_1, \ldots, y_k) = \frac{f(x_1|x_2, y_1, \ldots, y_k)f(x_2|y_1, \ldots, y_k)}{\int_{-\infty}^{\infty} f(x_1|x_2, y_1, \ldots, y_k)f(x_2|y_1, \ldots, y_k)dx_2}$$
$$\propto f(x_1|x_2, y_1, \ldots, y_k)f(x_2|y_1, \ldots, y_k) \tag{7.28}$$

が成り立つ．

7.3　線形離散モデル

次に線形離散モデル

$$\boldsymbol{y} = \boldsymbol{H}\boldsymbol{x} + \boldsymbol{\varepsilon} \tag{7.29}$$

に話を進めよう．このモデルにおける未知量 $\boldsymbol{x}$ の最小二乗法を基にした推定については第4章および第5章で解説した．この問題をベイズ推定で取り扱う場合，最尤推定との大きな違いは未知量 $\boldsymbol{x}$ も確率変数として取り扱う事である．このとき次の確率分布を用いる．

- $f(\boldsymbol{x})$：未知量 $\boldsymbol{x}$ についての確率分布．事前確率分布 (prior probability distribution) と呼ぶ．
- $f(\boldsymbol{y}|\boldsymbol{x})$：$\boldsymbol{x}$ を与えた場合に $\boldsymbol{y}$ を得る確率分布．これは第3章で説明した最尤推定法における尤度に等しい．最尤推定法においては未知量 $\boldsymbol{x}$ を確率変数とは考えず確率的でない量としたため，$f(\boldsymbol{y}|\boldsymbol{x})$ は $f(\boldsymbol{y})$ と表記した．
- $f(\boldsymbol{x}|\boldsymbol{y})$：$\boldsymbol{y}$ を与えた場合に $\boldsymbol{x}$ を得る確率分布．ベイズ推定ではこの確率を基にして $\boldsymbol{x}$ を推定する．事後確率分布 (posterior probability distribution) と呼ばれる．

ベイズ推定では，事前確率 $f(\boldsymbol{x})$ と $f(\boldsymbol{y}|\boldsymbol{x})$ から，ベイズの定理

$$f(\boldsymbol{x}|\boldsymbol{y}) = \frac{f(\boldsymbol{y}|\boldsymbol{x})f(\boldsymbol{x})}{\int f(\boldsymbol{y}|\boldsymbol{x})f(\boldsymbol{x})d\boldsymbol{x}} \propto f(\boldsymbol{y}|\boldsymbol{x})f(\boldsymbol{x}) \tag{7.30}$$

により，事後分布 $f(\boldsymbol{x}|\boldsymbol{y})$ を求める．

ベイズ推定では式 (7.30) を用いて観測データ $\boldsymbol{y}$ から未知量 $\boldsymbol{x}$ を推定するのであるが，ここで事前分布 $f(\boldsymbol{x})$ をどう決めるかが問題となる．一般的な方策としては，未知量 $\boldsymbol{x}$ に関してあらかじめ知られている事柄（先験情報）

を事前分布に反映させて決めることが行われる．もし，$\boldsymbol{x}$ に関して何も先験情報が無い場合には

$$f(\boldsymbol{x}) = \text{定数} \tag{7.31}$$

とせざるを得ず，この場合，式 (7.30) から，

$$f(\boldsymbol{x}|\boldsymbol{y}) \propto f(\boldsymbol{y}|\boldsymbol{x}) \tag{7.32}$$

となり，事後確率 $f(\boldsymbol{x}|\boldsymbol{y})$ は $f(\boldsymbol{y}|\boldsymbol{x})$ と等しくなる．$f(\boldsymbol{y}|\boldsymbol{x})$ は最尤推定における尤度に等しいため，この場合，ベイズ推定は最尤推定に等しくなる．式 (7.31) に示された $f(\boldsymbol{x}) =$ 定数である事前分布を無情報事前分布 (non-informative prior distribution) と呼ぶ．

未知量 $\boldsymbol{x}$ に関して何かの先験情報が存在する場合でも，分布の形まで正確に決める情報がある事はまれである．そこで，分布の形は計算しやすいように決めることが一般に行われる．ある種の確率分布は，与えられた $f(\boldsymbol{y}|\boldsymbol{x})$ に対して，事後分布が事前分布と同じ形になる．このような分布を共役事前分布と呼ぶ．事前分布として多く用いられるのは正規分布であり，事前分布が正規分布で，$f(\boldsymbol{y}|\boldsymbol{x})$ も正規分布なら (すなわち観測ノイズも正規分布なら)，事後分布も正規分布となる．事前分布と観測ノイズを正規分布として事後分布を求めるための計算の詳細は第 8 章で述べる．

7.4　ベイズ推定における最適推定解

ベイズ推定においては事後確率 $f(\boldsymbol{x}|\boldsymbol{y})$ から $\boldsymbol{x}$ の推定値を求めるのであるが，この時，最適推定解 $\widehat{\boldsymbol{x}}$ はどのように求めたらよいであろうか．ここでは 2 つの考え方を紹介する．まず，

$$\widehat{\boldsymbol{x}} = \underset{\boldsymbol{x}}{\operatorname{argmax}} f(\boldsymbol{x}|\boldsymbol{y}) \tag{7.33}$$

とすることにより求めた最適推定解 $\widehat{\boldsymbol{x}}$ を maximum a posteriori(MAP) 推定解と呼ぶ．これは，事後確率を最大とする $\boldsymbol{x}$ をもって最適推定解とする考え方で，観測データは「最も起こりやすいことが起こった」結果であるとする立場である．

第2番目の考え方は，推定値 $\widehat{\boldsymbol{x}}$ と真の値 $\boldsymbol{x}$ の平均二乗誤差

$$E\left[(\widehat{\boldsymbol{x}}-\boldsymbol{x})^T(\widehat{\boldsymbol{x}}-\boldsymbol{x})\right]$$

を最小にする $\widehat{\boldsymbol{x}}$ をもって最適推定解としようとする．つまり

$$\widehat{\boldsymbol{x}}=\underset{\widehat{\boldsymbol{x}}}{\operatorname{argmin}} E\left[(\widehat{\boldsymbol{x}}-\boldsymbol{x})^T(\widehat{\boldsymbol{x}}-\boldsymbol{x})\right] \tag{7.34}$$

として，最適推定解を求めるもので，この推定解を minimum mean squared error(MMSE) 推定解と呼ぶ．ここで，

$$\begin{aligned}E\left[(\widehat{\boldsymbol{x}}-\boldsymbol{x})^T(\widehat{\boldsymbol{x}}-\boldsymbol{x})\right]&=\iint_{-\infty}^{\infty}(\widehat{\boldsymbol{x}}-\boldsymbol{x})^T(\widehat{\boldsymbol{x}}-\boldsymbol{x})f(\boldsymbol{x},\boldsymbol{y})d\boldsymbol{x}d\boldsymbol{y}\\&=\int_{-\infty}^{\infty}\left[\int_{-\infty}^{\infty}(\widehat{\boldsymbol{x}}-\boldsymbol{x})^T(\widehat{\boldsymbol{x}}-\boldsymbol{x})f(\boldsymbol{x}|\boldsymbol{y})d\boldsymbol{x}\right]f(\boldsymbol{y})d\boldsymbol{y}\end{aligned} \tag{7.35}$$

であり，$f(\boldsymbol{y})\geq 0$ であるので，結局，上式左辺の期待値 $E[(\widehat{\boldsymbol{x}}-\boldsymbol{x})^T(\widehat{\boldsymbol{x}}-\boldsymbol{x})]$ を最小にする $\widehat{\boldsymbol{x}}$ は，右辺の括弧の中の積分を最小とする $\widehat{\boldsymbol{x}}$ に等しい．つまり，MMSE 推定値 $\widehat{\boldsymbol{x}}$ は

$$\widehat{\boldsymbol{x}}=\underset{\widehat{\boldsymbol{x}}}{\operatorname{argmin}}\int_{-\infty}^{\infty}(\widehat{\boldsymbol{x}}-\boldsymbol{x})^T(\widehat{\boldsymbol{x}}-\boldsymbol{x})f(\boldsymbol{x}|\boldsymbol{y})d\boldsymbol{x} \tag{7.36}$$

である．ここで上式右辺の積分を $\widehat{\boldsymbol{x}}$ で微分してゼロとおくと，つまり，

$$\frac{\partial}{\partial\widehat{\boldsymbol{x}}}\int_{-\infty}^{\infty}(\widehat{\boldsymbol{x}}-\boldsymbol{x})^T(\widehat{\boldsymbol{x}}-\boldsymbol{x})f(\boldsymbol{x}|\boldsymbol{y})d\boldsymbol{x}=2\int_{-\infty}^{\infty}(\widehat{\boldsymbol{x}}-\boldsymbol{x})f(\boldsymbol{x}|\boldsymbol{y})d\boldsymbol{x}=0 \tag{7.37}$$

であるので，結局，

$$\widehat{\boldsymbol{x}}=\int_{-\infty}^{\infty}\boldsymbol{x}f(\boldsymbol{x}|\boldsymbol{y})d\boldsymbol{x} \tag{7.38}$$

を得る．つまり，MMSE 推定解は事後分布 $f(\boldsymbol{x}|\boldsymbol{y})$ の期待値で与えられる．事後分布を求める過程でその期待値は求めるため，MMSE 推定値は事後分布を求める計算の中で既に求められている．この MMSE 推定解は $\boldsymbol{x}$ の期待値 $E(\boldsymbol{x})$ の不偏推定量であることも示すことができる [**問題 7.2**]．また，正規分布の場合には期待値で分布が最大となるため，MAP 推定解と MMSE 推定解は等しいものとなる．

問　題

7.1 式 (7.2) を証明せよ．

7.2 式 (7.38) で与えられる MMSE 解は $E(\boldsymbol{x})$ の不偏推定量であることを示せ．

7.3 $P(A|B) > P(A)$ ならば $P(B|A) > P(B)$ であることを証明せよ．

7.4 がんを診断するための腫瘍マーカーを用いた検査で，がんに罹患している人が陽性を示す確率は 99% であったとする．一方，がんに罹患していない人でも陽性を示す確率も 0.5% あるとする．このがんの一般的な罹患率は 0.1% であるとして，ある人が陽性であったとき実際にがんに罹患している確率はどれくらいか．

第 8 章　ベイズ線形正規モデル

本章では，事前分布と観測ノイズに正規分布を仮定して事後分布を求める計算手法を解説する．この場合，事後分布も正規分布であるため，この事実をあらかじめ用いて事後分布を比較的簡単に求めることができる．スカラー変数 (1 変数) の簡単な場合から解説を始め，多変数の線形離散モデル

$$\boldsymbol{y} = \boldsymbol{H}\boldsymbol{x} + \boldsymbol{\varepsilon}$$

において未知量 $\boldsymbol{x}$ の事前分布とノイズ $\boldsymbol{\varepsilon}$ に正規分布を仮定して事後分布 $f(\boldsymbol{x}|\boldsymbol{y})$ を求めるための計算の詳細を説明する．

8.1　スカラー変数 (1 変数) の場合の簡単な例

多変数の場合を議論する前に，最も簡単な例として $\boldsymbol{x}$ と $\boldsymbol{y}$ が 1 変数のスカラーで

$$y = x + \varepsilon \tag{8.1}$$

の関係がある場合をまず考えてみよう．後述する多変数の場合も，議論の筋道は 1 変数の場合と全く同じである．ノイズに対して

$$\varepsilon \sim \mathcal{N}(\varepsilon|0, \sigma^2) \tag{8.2}$$

を仮定すると，

$$f(y|x) = \mathcal{N}(y|x, \sigma^2) = \frac{1}{\sqrt{2\pi}\sigma} \exp\left[-\frac{(y-x)^2}{2\sigma^2}\right] \tag{8.3}$$

となる．事前分布に

$$f(x) = \mathcal{N}(x|\mu_0, \sigma_0^2) = \frac{1}{\sqrt{2\pi}\sigma_0} \exp\left[-\frac{(x-\mu_0)^2}{2\sigma_0^2}\right] \tag{8.4}$$

を仮定すれば，式 (7.30) のベイズの定理から事後分布 $f(x|y)$ は正規分布と

正規分布の積で求まる．この積はまた正規分布になるので，事後分布を平均 $\bar{x}$ および分散 ρ^2 の正規分布

$$f(x|y) = \mathcal{N}(x|\bar{x}, \rho^2) = \frac{1}{\sqrt{2\pi}\rho} \exp\left[-\frac{(x-\bar{x})^2}{2\rho^2}\right] \tag{8.5}$$

とすれば，事後分布を求めることはパラメータ $\bar{x}$ と ρ^2 を求めることに他ならない．これらパラメータ $\bar{x}$ と ρ^2 は以下のようにして比較的簡単に求める事ができる．

式 (8.5) の右辺の指数部分を考えると，

$$-\frac{1}{2\rho^2}(x-\bar{x})^2 = -\frac{1}{2\rho^2}x^2 + \frac{1}{\rho^2}\bar{x}x + \mathcal{C} \tag{8.6}$$

である．ここで $\mathcal{C}$ は確率変数 x に関係のない定数を一括してこのように表記した．一方，式 (8.3)，(8.4)，(7.30) から

$$f(x|y) \propto \exp\left[-\frac{(y-x)^2}{2\sigma^2}\right] \exp\left[-\frac{(x-\mu_0)^2}{2\sigma_0^2}\right] \tag{8.7}$$

であり，右辺の指数部分は

$$-\frac{(y-x)^2}{2\sigma^2} - \frac{(x-\mu_0)^2}{2\sigma_0^2} \tag{8.8}$$

となる．これを，x についてまとめると

$$-\frac{1}{2}\left(\frac{1}{\sigma^2} + \frac{1}{\sigma_0^2}\right)x^2 + x\left(\frac{y}{\sigma^2} + \frac{\mu_0}{\sigma_0^2}\right) + \mathcal{C} \tag{8.9}$$

となる．

ここで，式 (8.6) の右辺と (8.9) において，x^2 の係数と x の係数を比較して

$$\frac{1}{\rho^2} = \frac{1}{\sigma^2} + \frac{1}{\sigma_0^2} \tag{8.10}$$

$$\bar{x} = \left(\frac{y}{\sigma^2} + \frac{\mu_0}{\sigma_0^2}\right) \bigg/ \left(\frac{1}{\sigma^2} + \frac{1}{\sigma_0^2}\right) \tag{8.11}$$

を得る．式 (8.10) は事後確率 $f(x|y)$ の分散 (の逆数) を，式 (8.11) は事後確率 $f(x|y)$ の平均を与える．式 (8.10) と式 (8.11) を見ると分散が常に逆数の形で入っている．したがって，分散の逆数を $\gamma = 1/\rho^2$，$\alpha = 1/\sigma_0^2$，$\beta = 1/\sigma^2$ と定義して，これらを用いると，式 (8.10) と (8.11) は以下の簡単

な式となる.

$$\gamma = \alpha + \beta \tag{8.12}$$

$$\bar{x} = \frac{y\beta + \mu_0\alpha}{\alpha + \beta} \tag{8.13}$$

正規分布を用いたベイズ推定では，分散そのものよりも分散の逆数を用いると数式表現が簡単になることも多いため，分散の逆数がしばしば用いられる．分散の逆数は精度 (precision) と呼ばれる.

8.2　事後分布の求め方—多変数の場合の簡単な例

次に，多変数の場合の簡単な例として，同一で独立な計測を M 回繰り返す観測，

$$\begin{aligned} y_1 &= \mu + \varepsilon_1 \\ &\vdots \\ y_M &= \mu + \varepsilon_M \end{aligned} \tag{8.14}$$

を考えてみよう．ノイズはノイズベクトルを $\boldsymbol{\varepsilon} = [\varepsilon_1, \ldots, \varepsilon_M]^T$ と定義して，$\boldsymbol{\varepsilon} \sim \mathcal{N}(\mathbf{0}, \sigma^2 \boldsymbol{I})$ と仮定する．このモデルにおける μ の最尤推定解は，算術平均 $\bar{y}$ に等しい．すなわち

$$\widehat{\mu} = \bar{y} = \frac{1}{M}\sum_{j=1}^{M} y_j \tag{8.15}$$

である.

それでは μ のベイズ推定解を求めてみよう．ベイズ推定解は事後分布 $f(\mu|y_1, y_2, \ldots, y_M)$ の平均値 $\bar{\mu}$ である．ここで，まず

$$
\begin{aligned}
f(y_1, y_2, \ldots, y_M|\mu) &= f(y_1|\mu)\cdots f(y_M|\mu) \\
&= \mathcal{N}(y_1|\mu, \sigma^2)\cdots\mathcal{N}(y_M|\mu, \sigma^2) \\
&= \left(\frac{1}{\sqrt{2\pi}\sigma}\right)^M \exp\left[-\frac{1}{2\sigma^2}\sum_{j=1}^{M}(y_j-\mu)^2\right]
\end{aligned}
\tag{8.16}
$$

である．μ の事前分布を

$$
f(\mu) = \mathcal{N}(\mu|\mu_0, \sigma_0^2) \tag{8.17}
$$

とすれば，

$$
f(\mu|y_1, y_2, \ldots, y_M) \propto f(y_1, y_2, \ldots, y_M|\mu)f(\mu) \tag{8.18}
$$

であるので，結局，

$$
f(\mu|y_1, y_2, \ldots, y_M) \propto \exp\left[-\frac{1}{2\sigma^2}\sum_{j=1}^{M}(y_j-\mu)^2\right]\exp\left[-\frac{1}{2\sigma_0^2}(\mu-\mu_0)^2\right] \tag{8.19}
$$

となる．事後分布を平均 $\bar{\mu}$，分散 ω^2 の正規分布，すなわち，

$$
f(\mu|y_1, y_2, \ldots, y_M) = \mathcal{N}(\mu|\bar{\mu}, \omega^2) \tag{8.20}
$$

と仮定する．式 (8.19) の右辺の指数部分を μ についてまとめると，μ^2 の項の係数から ω^2 が，μ の項の係数から $\bar{\mu}$ が求まる．実際に求めてみると，

$$
\frac{1}{\omega^2} = \frac{1}{\sigma^2/M} + \frac{1}{\sigma_0^2} \tag{8.21}
$$

$$
\bar{\mu} = \left[\frac{\bar{y}}{\sigma^2/M} + \frac{\mu_0}{\sigma_0^2}\right] \Big/ \left[\frac{1}{\sigma^2/M} + \frac{1}{\sigma_0^2}\right] \tag{8.22}
$$

を得る [**問題 8.1**].

式 (8.22) で与えられる $\bar{\mu}$ が μ の MMSE 推定解である．この結果を最尤推定解と比較してみよう．最尤推定解は式 (8.15) で与えられる算術平均である．x に関して何の情報もないことは，事前分布の分散 σ_0^2 を無限大にした正規分布を仮定することに等しい．式 (8.22) において $\sigma_0^2 \to \infty$ とすれば

$$\omega^2 \to \sigma^2/M \tag{8.23}$$

$$\bar{\mu} \to \bar{y} \tag{8.24}$$

となって，MMSE 推定解も算術平均 $\bar{y}$ に収束することが示される．つまり，事前分布に何の情報も仮定しなければ，ベイズ推定は最尤推定に一致することが確かめられる．

8.3 多変数線形離散モデル

8.3.1 事後確率分布の導出

次に，多変数の線形離散モデル

$$\boldsymbol{y} = \boldsymbol{H}\boldsymbol{x} + \boldsymbol{\varepsilon} \tag{8.25}$$

において未知量 $\boldsymbol{x}$ の事後分布 $f(\boldsymbol{x}|\boldsymbol{y})$ 求めてみよう．まず，未知量 $\boldsymbol{x}$ の事前分布を

$$f(\boldsymbol{x}) = \mathcal{N}(\boldsymbol{x}|\boldsymbol{\mu}, \boldsymbol{\nu}^{-1}) \tag{8.26}$$

と仮定しよう．ここで，計算の簡便さのため，共分散行列ではなくその逆行列である精度行列を用い，$\boldsymbol{x}$ の事前分布を平均 $\boldsymbol{\mu}$，精度行列 $\boldsymbol{\nu}$ の正規分布とした[1)]．さらにノイズ $\boldsymbol{\varepsilon}$ に対し，

$$\boldsymbol{\varepsilon} \sim \mathcal{N}(\boldsymbol{\varepsilon}|\boldsymbol{0}, \boldsymbol{\Lambda}^{-1})$$

を仮定すれば，

$$f(\boldsymbol{y}|\boldsymbol{x}) = \mathcal{N}(\boldsymbol{y}|\boldsymbol{H}\boldsymbol{x}, \boldsymbol{\Lambda}^{-1}) \tag{8.27}$$

となる．ここで $\boldsymbol{\Lambda}$ もやはり $\boldsymbol{\varepsilon}$ の精度行列とする．

事後分布 $f(\boldsymbol{x}|\boldsymbol{y})$ を求める．事後分布も正規分布であるので，事後分布の平均を $\bar{\boldsymbol{x}}$ 精度行列を $\boldsymbol{\Gamma}$ として，

[1)] 本書では，表記法は $\mathcal{N}$(確率変数 | 平均, 共分散行列) とするため，共分散行列の部分は $\boldsymbol{\nu}^{-1}$ として代入する．

$$f(\boldsymbol{x}|\boldsymbol{y}) = \mathcal{N}(\boldsymbol{x}|\bar{\boldsymbol{x}}, \boldsymbol{\Gamma}^{-1}) \tag{8.28}$$

とする．式 (8.28) から，この式の指数部分は

$$-\frac{1}{2}(\boldsymbol{x}-\bar{\boldsymbol{x}})^T\boldsymbol{\Gamma}(\boldsymbol{x}-\bar{\boldsymbol{x}}) = -\frac{1}{2}\boldsymbol{x}^T\boldsymbol{\Gamma}\boldsymbol{x} + \boldsymbol{x}^T\boldsymbol{\Gamma}\bar{\boldsymbol{x}} + \mathcal{C} \tag{8.29}$$

となる．

ベイズの定理から

$$f(\boldsymbol{x}|\boldsymbol{y}) \propto f(\boldsymbol{y}|\boldsymbol{x})f(\boldsymbol{x}) \tag{8.30}$$

が成立する．右辺に式 (8.26) と (8.27) を代入し，指数部分を書き出すと，

$$-\frac{1}{2}\left[(\boldsymbol{x}-\boldsymbol{\mu})^T\boldsymbol{\nu}(\boldsymbol{x}-\boldsymbol{\mu}) + (\boldsymbol{y}-\boldsymbol{H}\boldsymbol{x})^T\boldsymbol{\Lambda}(\boldsymbol{y}-\boldsymbol{H}\boldsymbol{x})\right] \tag{8.31}$$

となる．この式を $\boldsymbol{x}$ に関して整理すると，

$$-\frac{1}{2}\boldsymbol{x}^T(\boldsymbol{\nu}+\boldsymbol{H}^T\boldsymbol{\Lambda}\boldsymbol{H})\boldsymbol{x} + \boldsymbol{x}^T(\boldsymbol{H}^T\boldsymbol{\Lambda}\boldsymbol{y}+\boldsymbol{\nu}\boldsymbol{\mu}) + \mathcal{C} \tag{8.32}$$

となる．そこで，式 (8.29) と (8.32) において，$\boldsymbol{x}$ の 2 次の項の係数行列と，$\boldsymbol{x}$ の 1 次の項の係数を比較して

$$\boldsymbol{\Gamma} = \boldsymbol{\nu} + \boldsymbol{H}^T\boldsymbol{\Lambda}\boldsymbol{H} \tag{8.33}$$

$$\bar{\boldsymbol{x}} = \boldsymbol{\Gamma}^{-1}(\boldsymbol{H}^T\boldsymbol{\Lambda}\boldsymbol{y}+\boldsymbol{\nu}\boldsymbol{\mu}) = (\boldsymbol{\nu}+\boldsymbol{H}^T\boldsymbol{\Lambda}\boldsymbol{H})^{-1}(\boldsymbol{H}^T\boldsymbol{\Lambda}\boldsymbol{y}+\boldsymbol{\nu}\boldsymbol{\mu}) \tag{8.34}$$

を得る．式 (8.33) が事後確率分布の精度行列であり，式 (8.34) が事後確率分布の平均を表す．この $\bar{\boldsymbol{x}}$ が未知量 $\boldsymbol{x}$ に対する MMSE 推定解である．

8.3.2　最小二乗解とベイズ推定解との関係

式 (8.34) で未知量 $\boldsymbol{x}$ の MMSE 推定解が得られた．これがベイズ推定を用いた $\boldsymbol{x}$ の最適推定解である．それでは，この解と式 (4.15) に示す最小二乗法を用いた場合の $\boldsymbol{x}$ の最適推定解はどのような関係にあるであろうか．ここでこれら 2 種の解を改めて並べて表記してみると，

$$\text{MMSE 推定解}：\bar{\boldsymbol{x}} = \left(\boldsymbol{\nu}+\boldsymbol{H}^T\boldsymbol{\Lambda}\boldsymbol{H}\right)^{-1}\left(\boldsymbol{H}^T\boldsymbol{\Lambda}\boldsymbol{y}+\boldsymbol{\nu}\boldsymbol{\mu}\right)$$

$$\text{最小二乗解}：\widehat{\boldsymbol{x}} = \left(\boldsymbol{H}^T\boldsymbol{H}\right)^{-1}\boldsymbol{H}^T\boldsymbol{y}$$

となる．最小二乗解は，ノイズ $\boldsymbol{\varepsilon}$ の共分散行列が $\sigma^2\boldsymbol{I}$ に等しいとして得られたものである．したがって，比較のためベイズ推定解においてノイズの精度行列 $\boldsymbol{\Lambda}$ を $\boldsymbol{\Lambda}=\beta\boldsymbol{I}$ とおく．これはノイズ $\boldsymbol{\varepsilon}$ に対する共分散行列を $\beta^{-1}\boldsymbol{I}$ としたことに等しい．さらに，$\boldsymbol{\mu}=\boldsymbol{0}$ および $\boldsymbol{\nu}=\alpha\boldsymbol{I}$ と仮定する．これは事前分布において $\boldsymbol{x}$ の各要素 $x_1,\ldots,x_N$ が独立で，平均値ゼロ，分散がすべて等しく α^{-1} と仮定したことになる．これらを MMSE 推定解に代入すると，

$$\bar{\boldsymbol{x}}=\left(\alpha\boldsymbol{I}+\boldsymbol{H}^T\beta\boldsymbol{I}\boldsymbol{H}\right)^{-1}\boldsymbol{H}^T\beta\boldsymbol{I}\boldsymbol{y}=\left(\boldsymbol{H}^T\boldsymbol{H}+\frac{\alpha}{\beta}\boldsymbol{I}\right)^{-1}\boldsymbol{H}^T\boldsymbol{y} \quad (8.35)$$

を得る．上式は，第 5.2 節で議論した正則化を用いた最小二乗解の式 (5.29) において，$\xi=\alpha/\beta$ とした解に等しい．

式 (5.29) に示す正則化が組み込まれた最小二乗解は，式 (5.28) のコスト関数を最小とする解として求められたものであるが，そもそもこのコスト関数において，第 5.2 節で述べたように $\phi(\boldsymbol{x})=\|\boldsymbol{x}\|^2$ とすることにはあまり明確な根拠はなく，いわば経験的に決められたものである．一方，ベイズ推定解では，正則化は事前分布からの寄与として自然な形で解に組み込むことができる．

正則化が事前分布の仮定からもたらされるものであることは，$\bar{\boldsymbol{x}}$ を求めるためのコスト関数を考えるとよく理解できる．$\bar{\boldsymbol{x}}$ は MMSE 解であるが，第 7.4 節で述べたように正規分布を仮定した場合には MMSE 解は MAP 推定解に等しい．したがって，$\bar{\boldsymbol{x}}$ は

$$\bar{\boldsymbol{x}}=\underset{\boldsymbol{x}}{\operatorname{argmax}} f(\boldsymbol{x}|\boldsymbol{y})=\underset{\boldsymbol{x}}{\operatorname{argmax}} f(\boldsymbol{y}|\boldsymbol{x})f(\boldsymbol{x}) \quad (8.36)$$

から求められる．ここで，$f(\boldsymbol{x})$ と $f(\boldsymbol{y}|\boldsymbol{x})$ を $\boldsymbol{\Lambda}=\beta\boldsymbol{I}$，$\boldsymbol{\mu}=\boldsymbol{0}$ および $\boldsymbol{\nu}=\alpha\boldsymbol{I}$ を用いて表記すると，

$$f(\boldsymbol{x})=\frac{\alpha^{N/2}}{(2\pi)^{N/2}}\exp\left[-\frac{\alpha}{2}\|\boldsymbol{x}\|^2\right] \quad (8.37)$$

$$f(\boldsymbol{y}|\boldsymbol{x})=\frac{\beta^{M/2}}{(2\pi)^{M/2}}\exp\left[-\frac{\beta}{2}\|\boldsymbol{y}-\boldsymbol{H}\boldsymbol{x}\|^2\right] \quad (8.38)$$

である．したがって，これらを式 (8.36) に代入すれば，

$$\bar{\boldsymbol{x}} = \underset{\boldsymbol{x}}{\operatorname{argmin}} \left[\|\boldsymbol{y} - \boldsymbol{H}\boldsymbol{x}\|^2 + \frac{\alpha}{\beta}\|\boldsymbol{x}\|^2 \right] \tag{8.39}$$

を得る．すなわち，$\bar{\boldsymbol{x}}$ は，

$$\mathcal{F} = \|\boldsymbol{y} - \boldsymbol{H}\boldsymbol{x}\|^2 + \frac{\alpha}{\beta}\|\boldsymbol{x}\|^2 \tag{8.40}$$

なるコスト関数 $\mathcal{F}$ を最小とする $\boldsymbol{x}$ として求まる解である．上式のコスト関数は式 (5.28) のコスト関数と $\xi = \alpha/\beta$ とすれば全く等しくなる．式 (8.40) は正則化の部分は事前確率分布 $f(\boldsymbol{x})$ からもたらされることも示している．つまり，最小二乗推定では観測データとの一致度に対する付加項は，その場しのぎ的 (ad hoc) に付け加えられたものであるが，ベイズ推定においては事前確率分布という意味を持ったものとなっている．

さらに，ベイズ推定において特別な事前分布を仮定しない場合，これは無限に広い事前分布，すなわち $\alpha \to 0$ とした場合に等しい．この場合について考えてみると，コスト関数，MMSE 推定解とも

$$\mathcal{F} \to \|\boldsymbol{y} - \boldsymbol{H}\boldsymbol{x}\|^2 \tag{8.41}$$

$$\bar{\boldsymbol{x}} \to \left(\boldsymbol{H}^T\boldsymbol{H}\right)^{-1}\boldsymbol{H}^T\boldsymbol{y} \tag{8.42}$$

となって，いずれも最小二乗解の場合に一致する．

8.3.3　周辺確率分布 $f(\boldsymbol{y})$ の導出

第 8.3.1 節では

$$\boldsymbol{y} = \boldsymbol{H}\boldsymbol{x} + \boldsymbol{\varepsilon}$$

の関係を仮定し，事前分布とノイズに対し，

$$f(\boldsymbol{x}) = \mathcal{N}(\boldsymbol{x}|\boldsymbol{\mu}, \boldsymbol{\nu}^{-1})$$

$$f(\boldsymbol{\varepsilon}) = \mathcal{N}(\boldsymbol{\varepsilon}|\boldsymbol{0}, \boldsymbol{\Lambda}^{-1})$$

を仮定して事後分布 $f(\boldsymbol{x}|\boldsymbol{y})$ を導いた．本節では周辺分布 $f(\boldsymbol{y})$ を求めてみよう．周辺分布 $f(\boldsymbol{y})$ の導出は若干複雑な式の取り扱いを必要とする．

先にも述べたようにベイズ推定では未知量 $\boldsymbol{x}$ も確率変数と考える．したがって，$f(\boldsymbol{y})$ は結合確率密度 $f(\boldsymbol{x}, \boldsymbol{y})$ をまず求め，次にこれを周辺化する

ことにより求める．すなわち，

$$f(\boldsymbol{y}) = \int_{-\infty}^{\infty} f(\boldsymbol{x}, \boldsymbol{y}) d\boldsymbol{x} \tag{8.43}$$

を計算する．そのため，まず結合確率分布 $f(\boldsymbol{x}, \boldsymbol{y})$ を求めてみよう．はじめに

$$\boldsymbol{z} = \begin{bmatrix} \boldsymbol{x} \\ \boldsymbol{y} \end{bmatrix}$$

と $\boldsymbol{z}$ を定義する．ここで，

$$f(\boldsymbol{z}) = f(\boldsymbol{x}, \boldsymbol{y}) = f(\boldsymbol{y}|\boldsymbol{x}) f(\boldsymbol{x}) \tag{8.44}$$

であり，$f(\boldsymbol{z})$ も正規分布であるため，

$$f(\boldsymbol{z}) = \mathcal{N}(\boldsymbol{z}|\bar{\boldsymbol{z}}, \boldsymbol{\Omega}^{-1}) \tag{8.45}$$

とする．$\bar{\boldsymbol{z}}$ は $\boldsymbol{z}$ の平均であり，$\boldsymbol{\Omega}$ は精度行列である．確率変数 $\boldsymbol{z}$ を含まない定数部分を無視して，上式右辺の指数部分を書き出すと，

$$\log f(\boldsymbol{z}) = -\frac{1}{2}(\boldsymbol{z} - \bar{\boldsymbol{z}})^T \boldsymbol{\Omega} (\boldsymbol{z} - \bar{\boldsymbol{z}}) = -\frac{1}{2} \boldsymbol{z}^T \boldsymbol{\Omega} \boldsymbol{z} + \boldsymbol{z}^T \boldsymbol{\Omega} \bar{\boldsymbol{z}} \tag{8.46}$$

である．ところで，式 (8.44) に式 (8.26) と (8.27) を代入すれば，やはり定数部分を無視して，

$$\begin{aligned} \log f(\boldsymbol{z}) &= \log f(\boldsymbol{y}|\boldsymbol{x}) + \log f(\boldsymbol{x}) \\ &= -\frac{1}{2} \left[(\boldsymbol{x} - \boldsymbol{\mu})^T \boldsymbol{\nu} (\boldsymbol{x} - \boldsymbol{\mu}) + (\boldsymbol{y} - \boldsymbol{H}\boldsymbol{x})^T \boldsymbol{\Lambda} (\boldsymbol{y} - \boldsymbol{H}\boldsymbol{x}) \right] \end{aligned} \tag{8.47}$$

を得る．式 (8.47) の右辺で $\boldsymbol{x}$ と $\boldsymbol{y}$ の 2 次形式となる項を書き出してまとめると，

$$\begin{aligned} & -\frac{1}{2} \left[\boldsymbol{x}^T (\boldsymbol{\nu} + \boldsymbol{H}^T \boldsymbol{\Lambda} \boldsymbol{H}) \boldsymbol{x} - \boldsymbol{x}^T \boldsymbol{H}^T \boldsymbol{\Lambda} \boldsymbol{y} - \boldsymbol{y}^T \boldsymbol{\Lambda} \boldsymbol{H} \boldsymbol{x} + \boldsymbol{y}^T \boldsymbol{\Lambda} \boldsymbol{y} \right] \\ &= -\frac{1}{2} \begin{bmatrix} \boldsymbol{x} \\ \boldsymbol{y} \end{bmatrix}^T \begin{bmatrix} \boldsymbol{\nu} + \boldsymbol{H}^T \boldsymbol{\Lambda} \boldsymbol{H} & -\boldsymbol{H}^T \boldsymbol{\Lambda} \\ -\boldsymbol{\Lambda} \boldsymbol{H} & \boldsymbol{\Lambda} \end{bmatrix} \begin{bmatrix} \boldsymbol{x} \\ \boldsymbol{y} \end{bmatrix} \end{aligned} \tag{8.48}$$

となる．上式は (8.46) の右辺第 1 項に等しいので，確率変数 $\boldsymbol{z}$ に対する精

度行列は

$$\boldsymbol{\Omega} = \begin{bmatrix} \boldsymbol{\nu} + \boldsymbol{H}^T \boldsymbol{\Lambda} \boldsymbol{H} & -\boldsymbol{H}^T \boldsymbol{\Lambda} \\ -\boldsymbol{\Lambda} \boldsymbol{H} & \boldsymbol{\Lambda} \end{bmatrix} \tag{8.49}$$

となる．

次に $\boldsymbol{z}$ の平均 $\bar{\boldsymbol{z}}$ を求めてみよう．$\bar{\boldsymbol{z}}$ は $\boldsymbol{z}$ の 1 次の項の係数から求まる．式 (8.47) 右辺で $\boldsymbol{x}$ と $\boldsymbol{y}$ の 1 次の項を探すと，1 次の項は $\boldsymbol{x}^T \boldsymbol{\nu} \boldsymbol{\mu}$ のみであり，

$$\boldsymbol{x}^T \boldsymbol{\nu} \boldsymbol{\mu} = \begin{bmatrix} \boldsymbol{x} \\ \boldsymbol{y} \end{bmatrix}^T \begin{bmatrix} \boldsymbol{\nu} \boldsymbol{\mu} \\ 0 \end{bmatrix} = \boldsymbol{z}^T \begin{bmatrix} \boldsymbol{\nu} \boldsymbol{\mu} \\ 0 \end{bmatrix} \tag{8.50}$$

と書くことができる．$\bar{\boldsymbol{z}}$ は上式の $\boldsymbol{z}^T$ の係数に $\boldsymbol{\Omega}^{-1}$ を左から乗じたものである．すなわち，

$$\begin{aligned} \bar{\boldsymbol{z}} &= \begin{bmatrix} \bar{\boldsymbol{x}} \\ \bar{\boldsymbol{y}} \end{bmatrix} = \boldsymbol{\Omega}^{-1} \begin{bmatrix} \boldsymbol{\nu} \boldsymbol{\mu} \\ 0 \end{bmatrix} \\ &= \begin{bmatrix} \boldsymbol{\nu}^{-1} & \boldsymbol{\nu}^{-1} \boldsymbol{H}^T \\ \boldsymbol{H} \boldsymbol{\nu}^{-1} & \boldsymbol{\Lambda}^{-1} + \boldsymbol{H} \boldsymbol{\nu}^{-1} \boldsymbol{H}^T \end{bmatrix} \begin{bmatrix} \boldsymbol{\nu} \boldsymbol{\mu} \\ 0 \end{bmatrix} = \begin{bmatrix} \boldsymbol{\mu} \\ \boldsymbol{H} \boldsymbol{\mu} \end{bmatrix} \end{aligned} \tag{8.51}$$

として求めることができる．ここで公式 (A.34) を用いて導かれる

$$\boldsymbol{\Omega}^{-1} = \begin{bmatrix} \boldsymbol{\nu} + \boldsymbol{H}^T \boldsymbol{\Lambda} \boldsymbol{H} & -\boldsymbol{H}^T \boldsymbol{\Lambda} \\ -\boldsymbol{\Lambda} \boldsymbol{H} & \boldsymbol{\Lambda} \end{bmatrix}^{-1} = \begin{bmatrix} \boldsymbol{\nu}^{-1} & \boldsymbol{\nu}^{-1} \boldsymbol{H}^T \\ \boldsymbol{H} \boldsymbol{\nu}^{-1} & \boldsymbol{\Lambda}^{-1} + \boldsymbol{H} \boldsymbol{\nu}^{-1} \boldsymbol{H}^T \end{bmatrix} \tag{8.52}$$

を用いた [**問題 8.2**].

次に，結合確率密度 $f(\boldsymbol{x}, \boldsymbol{y})$ を周辺化して $f(\boldsymbol{y})$ を求めてみよう．式 (8.43) の積分を実行し，この積分を実行した後に残る $\boldsymbol{y}$ の 2 次の項と 1 次の項の係数を求める．$f(\boldsymbol{y})$ も正規分布であるため，2 次の項の係数行列から精度（共分散）行列が，1 次の項の係数から平均が求まる．

まず，式の取り扱いを少しでも簡単にするため，式 (8.49) で与えられる精度行列 $\boldsymbol{\Omega}$ を

$$\boldsymbol{\Omega} = \begin{bmatrix} \boldsymbol{\Omega}_{xx} & \boldsymbol{\Omega}_{xy} \\ \boldsymbol{\Omega}_{yx} & \boldsymbol{\Omega}_{yy} \end{bmatrix}$$

と表すことにする．すると $f(\boldsymbol{x}, \boldsymbol{y})$ の指数部分は式 (8.49) と (8.51) から

$$\begin{aligned} \log f(\boldsymbol{x}, \boldsymbol{y}) &= -\frac{1}{2} \begin{bmatrix} \boldsymbol{x}-\boldsymbol{\mu} \\ \boldsymbol{y}-\boldsymbol{H}\boldsymbol{\mu} \end{bmatrix}^T \begin{bmatrix} \boldsymbol{\Omega}_{xx} & \boldsymbol{\Omega}_{xy} \\ \boldsymbol{\Omega}_{yx} & \boldsymbol{\Omega}_{yy} \end{bmatrix} \begin{bmatrix} \boldsymbol{x}-\boldsymbol{\mu} \\ \boldsymbol{y}-\boldsymbol{H}\boldsymbol{\mu} \end{bmatrix} \\ &= -\frac{1}{2}[(\boldsymbol{x}-\boldsymbol{\mu})^T \boldsymbol{\Omega}_{xx}(\boldsymbol{x}-\boldsymbol{\mu}) + (\boldsymbol{x}-\boldsymbol{\mu})^T \boldsymbol{\Omega}_{xy}(\boldsymbol{y}-\boldsymbol{H}\boldsymbol{\mu}) \\ &\quad +(\boldsymbol{y}-\boldsymbol{H}\boldsymbol{\mu})^T \boldsymbol{\Omega}_{yx}(\boldsymbol{x}-\boldsymbol{\mu}) + (\boldsymbol{y}-\boldsymbol{H}\boldsymbol{\mu})^T \boldsymbol{\Omega}_{yy}(\boldsymbol{y}-\boldsymbol{H}\boldsymbol{\mu})] \end{aligned} \tag{8.53}$$

と表される．式 (8.43) における変数 $\boldsymbol{x}$ に関する積分を行った後に残る項を抽出するため，式 (8.53) 右辺において $\boldsymbol{x}$ を含む項を抜き出すと，

$$-\frac{1}{2}\boldsymbol{x}^T \boldsymbol{\Omega}_{xx}\boldsymbol{x} + \boldsymbol{x}^T[\boldsymbol{\Omega}_{xx}\boldsymbol{\mu} - \boldsymbol{\Omega}_{xy}(\boldsymbol{y}-\boldsymbol{H}\boldsymbol{\mu})] = -\frac{1}{2}\boldsymbol{x}^T \boldsymbol{\Omega}_{xx}\boldsymbol{x} + \boldsymbol{x}^T \boldsymbol{m} \tag{8.54}$$

である．ここで $\boldsymbol{m} = \boldsymbol{\Omega}_{xx}\boldsymbol{\mu} - \boldsymbol{\Omega}_{xy}(\boldsymbol{y}-\boldsymbol{H}\boldsymbol{\mu})$ とおいた．

ここでベクトル $\boldsymbol{x}$ に関する式 (8.54) の平方完成を試みよう．つまり，式 (8.54) を

$$-\frac{1}{2}(\boldsymbol{x}-\boldsymbol{a})^T \boldsymbol{A}(\boldsymbol{x}-\boldsymbol{a}) + \mathcal{C} \tag{8.55}$$

の形にすることを考えよう．ここで，$\boldsymbol{A}$ は $\boldsymbol{x}$ を含まない定数行列であり，$\boldsymbol{a}$ は定数ベクトル，$\mathcal{C}$ は定数である．このような形にできれば，式 (8.55) の第 1 項は多変数正規分布の指数部分であり，$\boldsymbol{x}$ に関する積分はこの項を定数にしてしまうので，残りの項で $\boldsymbol{y}$ を含む項のみに注目し，$\boldsymbol{y}$ の 2 次と 1 次の項から周辺分布 $f(\boldsymbol{y})$ の精度行列と平均を求めることができる．

以上の方針にしたがい，式 (8.54) を変形すると，

$$\begin{aligned} &-\frac{1}{2}\boldsymbol{x}^T \boldsymbol{\Omega}_{xx}\boldsymbol{x} + \boldsymbol{x}^T \boldsymbol{m} \\ &= -\frac{1}{2}(\boldsymbol{x}-\boldsymbol{\Omega}_{xx}^{-1}\boldsymbol{m})^T \boldsymbol{\Omega}_{xx}(\boldsymbol{x}-\boldsymbol{\Omega}_{xx}^{-1}\boldsymbol{m}) + \frac{1}{2}\boldsymbol{m}^T \boldsymbol{\Omega}_{xx}^{-1}\boldsymbol{m} \end{aligned} \tag{8.56}$$

を得る [**問題 8.3**]．したがって $f(\boldsymbol{x}, \boldsymbol{y})$ の指数部分において，$\boldsymbol{x}$ の積分を行った後に残る項で $\boldsymbol{y}$ を含む項は式 (8.56) 右辺の第 2 項と式 (8.53) 右辺の項の中で $\boldsymbol{y}$ を含み $\boldsymbol{x}$ は含まない項である．それらを書き出してみると

$$\begin{aligned}&\frac{1}{2}\boldsymbol{m}^T\boldsymbol{\Omega}_{xx}^{-1}\boldsymbol{m} - \frac{1}{2}\boldsymbol{y}^T\boldsymbol{\Omega}_{yy}\boldsymbol{y} + \boldsymbol{y}^T[\boldsymbol{\Omega}_{yy}\boldsymbol{H}\boldsymbol{\mu} + \boldsymbol{\Omega}_{yx}\boldsymbol{\mu}]\\ &= \frac{1}{2}[\boldsymbol{\Omega}_{xx}\boldsymbol{\mu} - \boldsymbol{\Omega}_{xy}(\boldsymbol{y} - \boldsymbol{H}\boldsymbol{\mu})]^T\boldsymbol{\Omega}_{xx}^{-1}[\boldsymbol{\Omega}_{xx}\boldsymbol{\mu} - \boldsymbol{\Omega}_{xy}(\boldsymbol{y} - \boldsymbol{H}\boldsymbol{\mu})]\\ &\quad -\frac{1}{2}\boldsymbol{y}^T\boldsymbol{\Omega}_{yy}\boldsymbol{y} + \boldsymbol{y}^T[\boldsymbol{\Omega}_{yy}\boldsymbol{H}\boldsymbol{\mu} + \boldsymbol{\Omega}_{yx}\boldsymbol{\mu}]\end{aligned} \tag{8.57}$$

となる．式 (8.57) において $\boldsymbol{y}$ の 2 次の項は

$$-\frac{1}{2}\boldsymbol{y}^T(\boldsymbol{\Omega}_{yy} - \boldsymbol{\Omega}_{xy}^T\boldsymbol{\Omega}_{xx}^{-1}\boldsymbol{\Omega}_{xy})\boldsymbol{y} \tag{8.58}$$

である．ここで，式 (8.49) における各項を代入すれば

$$\boldsymbol{\Omega}_{yy} - \boldsymbol{\Omega}_{yx}\boldsymbol{\Omega}_{xx}^{-1}\boldsymbol{\Omega}_{xy} = \left(\boldsymbol{\Lambda}^{-1} + \boldsymbol{H}\boldsymbol{\nu}^{-1}\boldsymbol{H}^T\right)^{-1} \tag{8.59}$$

は簡単に示すことができる [**問題 8.4**]．したがって，周辺分布 $f(\boldsymbol{y})$ の共分散行列は $\boldsymbol{\Lambda}^{-1} + \boldsymbol{H}\boldsymbol{\nu}^{-1}\boldsymbol{H}^T$ である．また，式 (8.57) の右辺において $\boldsymbol{y}$ の 1 次の項は

$$\boldsymbol{y}^T(\boldsymbol{\Omega}_{yy} - \boldsymbol{\Omega}_{yx}\boldsymbol{\Omega}_{xx}^{-1}\boldsymbol{\Omega}_{xy})\boldsymbol{H}\boldsymbol{\mu} \tag{8.60}$$

であるので [**問題 8.5**]，周辺分布 $f(\boldsymbol{y})$ の平均は

$$(\boldsymbol{\Omega}_{yy} - \boldsymbol{\Omega}_{yx}\boldsymbol{\Omega}_{xx}^{-1}\boldsymbol{\Omega}_{xy})^{-1}(\boldsymbol{\Omega}_{yy} - \boldsymbol{\Omega}_{yx}\boldsymbol{\Omega}_{xx}^{-1}\boldsymbol{\Omega}_{xy})\boldsymbol{H}\boldsymbol{\mu} = \boldsymbol{H}\boldsymbol{\mu} \tag{8.61}$$

となる．すなわち，これらをまとめると，周辺分布 $f(\boldsymbol{y})$ として

$$f(\boldsymbol{y}) = \mathcal{N}(\boldsymbol{y}|\boldsymbol{H}\boldsymbol{\mu}, \boldsymbol{\Lambda}^{-1} + \boldsymbol{H}\boldsymbol{\nu}^{-1}\boldsymbol{H}^T) \tag{8.62}$$

を得る．式 (8.62) に示されるように，$f(\boldsymbol{y})$ は $\boldsymbol{\mu}$，$\boldsymbol{\Lambda}$，$\boldsymbol{\nu}$ をパラメータとして含んでいる．ベイズ推定ではこれらも確率変数とみなすので，この $f(\boldsymbol{y})$ はこれらの値を決めたときの，$\boldsymbol{y}$ の条件付き確率分布であり，厳密には $f(\boldsymbol{y}|\boldsymbol{\mu}, \boldsymbol{\Lambda}, \boldsymbol{\nu})$ と表記される．この条件付き確率分布 $f(\boldsymbol{y}|\boldsymbol{\mu}, \boldsymbol{\Lambda}, \boldsymbol{\nu})$ については，次章でさらに議論する．

問　題

8.1 式 (8.21) と式 (8.22) を導出せよ．

8.2 式 (8.52) を示せ．

8.3 式 (8.56) の成立を示せ．

8.4 式 (8.59) の成立を示せ．

8.5 式 (8.57) の右辺において，$\boldsymbol{y}$ の 1 次の項が式 (8.60) で表されることを示せ．

8.6 第 8.2 節で説明した M 回の繰り返し計測の場合には，式 (8.21) と式 (8.22) が事後分布のパラメータとして与えられることを示した．式 (8.21) に示す M 個の観測結果から求まる精度を θ_M，式 (8.22) に示す M 個の観測結果から求まる μ の推定結果を $\bar{\mu}_M$ とする．ここで，M 個の観測結果に新しく 1 個が追加され観測結果が $M+1$ 個になった場合，そもそも観測値の個数が $M+1$ であるとして求めた θ_{M+1} と $\bar{\mu}_{M+1}$ は，事前分布が $\mathcal{N}(\mu|\bar{\mu}_M, \theta_M^{-1})$ であり，1 個の観測値 y_{M+1} が観測されたと解釈して求めた θ_{M+1}，$\bar{\mu}_{M+1}$ と一致することを示せ．

第9章 EMアルゴリズムとハイパーパラメータの推定

前章では，観測値 $\boldsymbol{y}$ と未知量 $\boldsymbol{x}$ の間に線形離散モデル

$$\boldsymbol{y} = \boldsymbol{H}\boldsymbol{x} + \boldsymbol{\varepsilon}$$

を仮定し，事前分布とノイズに対し，

$$f(\boldsymbol{x}) = \mathcal{N}(\boldsymbol{x}|\boldsymbol{0}, \boldsymbol{\nu}^{-1})$$
$$f(\boldsymbol{\varepsilon}) = \mathcal{N}(\boldsymbol{\varepsilon}|\boldsymbol{0}, \boldsymbol{\Lambda}^{-1})$$

を仮定すれば[1)]，これら確率モデルのもとで，未知量 $\boldsymbol{x}$ のベイズ最適推定解 (MMSE 推定解)$\bar{\boldsymbol{x}}$ は

$$\bar{\boldsymbol{x}} = (\boldsymbol{\nu} + \boldsymbol{H}^T\boldsymbol{\Lambda}\boldsymbol{H})^{-1}\boldsymbol{H}^T\boldsymbol{\Lambda}\boldsymbol{y}$$

となることを示した．しかし，上式に示すようにベイズ最適推定解 $\bar{\boldsymbol{x}}$ は事前分布の精度行列 $\boldsymbol{\nu}$ とノイズ精度行列 $\boldsymbol{\Lambda}$ を含むため，推定に際しては $\boldsymbol{\nu}$ と $\boldsymbol{\Lambda}$ を与える必要がある．

推定すべき未知量 $\boldsymbol{x}$ は，統計学の分野では伝統的に未知パラメータと呼ばれる．$\boldsymbol{\nu}$ と $\boldsymbol{\Lambda}$ は未知パラメータ $\boldsymbol{x}$ に関する確率分布を記述するパラメータなのでハイパーパラメータと呼ばれる．前章ではこれらハイパーパラメータは既知として説明を行ってきたが，実際に推定を行う場合にはこれらハイパーパラメータも未知であることが普通である．本章では，これらハイパーパラメータをどのように観測データ $\boldsymbol{y}$ から推定すべきかについて考えてみよう．このようにハイパーパラメータの値までも観測データから求めようとするベイズ推定法を経験ベイズ (empirical Bayes) 法と呼ぶことがある．

1) 前章では事前分布の平均を $\boldsymbol{\mu}$ としたが，本章では説明をなるべく簡単にするため $\boldsymbol{\mu} = \boldsymbol{0}$ とする．

9.1 エビデンス関数

ハイパーパラメータを推定するための一つの方法は，観測データ $\boldsymbol{y}$ に対するハイパーパラメータ $\boldsymbol{\nu}$ と $\boldsymbol{\Lambda}$ の尤度を求め，この尤度を最大とする $\boldsymbol{\nu}$ と $\boldsymbol{\Lambda}$ をもって最適推定値とするものである．この尤度は第 8.3.3 節で求めた周辺分布 $f(\boldsymbol{y}|\boldsymbol{\nu},\boldsymbol{\Lambda})$ であり，エビデンス (evidence) あるいはエビデンス関数と呼ばれる．エビデンス関数は

$$f(\boldsymbol{y}|\boldsymbol{x},\boldsymbol{\Lambda}) = \mathcal{N}(\boldsymbol{y}|\boldsymbol{H}\boldsymbol{x},\boldsymbol{\Lambda}^{-1}) \tag{9.1}$$

$$f(\boldsymbol{x}|\boldsymbol{\nu}) = \mathcal{N}(\boldsymbol{x}|\boldsymbol{0},\boldsymbol{\nu}^{-1}) \tag{9.2}$$

を用いて

$$f(\boldsymbol{y}|\boldsymbol{\nu},\boldsymbol{\Lambda}) = \int_{-\infty}^{\infty} f(\boldsymbol{y}|\boldsymbol{x},\boldsymbol{\Lambda}) f(\boldsymbol{x}|\boldsymbol{\nu}) d\boldsymbol{x} \tag{9.3}$$

として求める．そしてこのエビデンス関数を最大とする $\boldsymbol{\nu}$ と $\boldsymbol{\Lambda}$ を最適推定値とする．すなわち，

$$\widehat{\boldsymbol{\Lambda}} = \underset{\boldsymbol{\Lambda}}{\operatorname{argmax}} \log f(\boldsymbol{y}|\boldsymbol{\nu},\boldsymbol{\Lambda}) \tag{9.4}$$

$$\widehat{\boldsymbol{\nu}} = \underset{\boldsymbol{\nu}}{\operatorname{argmax}} \log f(\boldsymbol{y}|\boldsymbol{\nu},\boldsymbol{\Lambda}) \tag{9.5}$$

として最適推定値 $\widehat{\boldsymbol{\Lambda}}$ と $\widehat{\boldsymbol{\nu}}$ を求める．

ところが，実際に式 (9.3) を用いて $\log f(\boldsymbol{y}|\boldsymbol{\nu},\boldsymbol{\Lambda})$ を求めようとすると

$$\begin{aligned}\log f(\boldsymbol{y}|\boldsymbol{\nu},\boldsymbol{\Lambda}) &= \log\left[\int_{-\infty}^{\infty} f(\boldsymbol{y}|\boldsymbol{x},\boldsymbol{\Lambda}) f(\boldsymbol{x}|\boldsymbol{\nu}) d\boldsymbol{x}\right] \\ &= \log\left[\int_{-\infty}^{\infty} \mathcal{N}(\boldsymbol{y}|\boldsymbol{H}\boldsymbol{x},\boldsymbol{\Lambda}^{-1}) \mathcal{N}(\boldsymbol{x}|\boldsymbol{0},\boldsymbol{\nu}^{-1}) d\boldsymbol{x}\right]\end{aligned} \tag{9.6}$$

を計算する必要がある．しかし，上式においては，log が正規分布の指数部分に直接作用せず，2 つの正規分布の積の積分に対して作用するため，第 8.3.3 節で示したごとく式 (9.6) 右辺の計算が複雑となり，$\log f(\boldsymbol{y}|\boldsymbol{\nu},\boldsymbol{\Lambda})$ を最大とする $\boldsymbol{\nu}$ と $\boldsymbol{\Lambda}$ を求めることはかなり厄介な式の取り扱いを必要とする [問題 **9.2** 参照]．この問題に対して提案されたのが，次節に述べる EM アルゴリズム (expectation maximization algorithm) である．

9.2 平均データ尤度

EM アルゴリズムは，エビデンス関数を計算する代わりにもう少し計算の楽な平均データ尤度 (average log likelihood) と呼ばれる量を計算し，これを最大化することでハイパーパラメータの推定解を求めるものである．まず，完全データ尤度 (complete log likelihood) と呼ばれる量を

$$\log f(\boldsymbol{y}, \boldsymbol{x}|\boldsymbol{\nu}, \boldsymbol{\Lambda}) = \log f(\boldsymbol{y}|\boldsymbol{x}, \boldsymbol{\Lambda}) + \log f(\boldsymbol{x}|\boldsymbol{\nu}) \tag{9.7}$$

と定義する．しかし，この完全データ尤度を計算するためには観測データ $\boldsymbol{y}$ の値に加えて $\boldsymbol{x}$ の値も必用である．しかし，$\boldsymbol{x}$ は当然ながらこれから推定すべき量であり，未知量である．したがって，何か $\boldsymbol{x}$ の代わりとなる量を用いなければならない．われわれが持っている $\boldsymbol{x}$ に関する最善の知識は事後確率分布 $f(\boldsymbol{x}|\boldsymbol{y})$ であるので，完全データ尤度を計算する代わりに，完全データ尤度を ($\boldsymbol{x}$ の値に関する最善の知識である) 事後分布で重み付けして周辺化したもの，すなわち事後分布による完全データ尤度の期待値を用いることにする．この期待値は平均データ尤度と呼ばれる．すなわち，平均データ尤度 $\Theta(\boldsymbol{\nu}, \boldsymbol{\Lambda})$ は

$$\Theta(\boldsymbol{\nu}, \boldsymbol{\Lambda}) = \int_{-\infty}^{\infty} \log f(\boldsymbol{y}, \boldsymbol{x}|\boldsymbol{\nu}, \boldsymbol{\Lambda}) f(\boldsymbol{x}|\boldsymbol{y}) d\boldsymbol{x} = E\left[\log f(\boldsymbol{y}, \boldsymbol{x}|\boldsymbol{\nu}, \boldsymbol{\Lambda})\right] \tag{9.8}$$

と定義される．ここで期待値記号 $E[\cdot]$ は事後確率についての期待値を取ることを意味する．ハイパーパラメータ $\boldsymbol{\nu}$ と $\boldsymbol{\Lambda}$ の推定値 $\widehat{\boldsymbol{\nu}}$ と $\widehat{\boldsymbol{\Lambda}}$ は

$$\widehat{\boldsymbol{\Lambda}} = \operatorname*{argmax}_{\boldsymbol{\Lambda}} \Theta(\boldsymbol{\nu}, \boldsymbol{\Lambda}) \tag{9.9}$$

$$\widehat{\boldsymbol{\nu}} = \operatorname*{argmax}_{\boldsymbol{\nu}} \Theta(\boldsymbol{\nu}, \boldsymbol{\Lambda}) \tag{9.10}$$

から求める．

ここまでの説明で若干混乱した読者もいるかもしれない．平均データ尤度 $\Theta(\boldsymbol{\nu}, \boldsymbol{\Lambda})$ を最大とすることで $\boldsymbol{\nu}$ と $\boldsymbol{\Lambda}$ の推定値 $\widehat{\boldsymbol{\nu}}$ と $\widehat{\boldsymbol{\Lambda}}$ を求めるといっても，$\Theta(\boldsymbol{\nu}, \boldsymbol{\Lambda})$ を計算するためには，明らかに事後確率分布 $f(\boldsymbol{x}|\boldsymbol{y})$ が必要である．しかし事後確率分布 $f(\boldsymbol{x}|\boldsymbol{y})$ は式 (8.33) および (8.34) に示されるようにハイパーパラメータ $\boldsymbol{\nu}$ と $\boldsymbol{\Lambda}$ を含む．すなわち，事後確率分布 $f(\boldsymbol{x}|\boldsymbol{y})$

を求めるには $\boldsymbol{\nu}$ と $\boldsymbol{\Lambda}$ が必要である．

したがって，このアルゴリズムはどうしても再帰的となる．まず適当な初期推定値 $\boldsymbol{\nu}$ と $\boldsymbol{\Lambda}$ を用いて事後分布を求める．つまり，事後分布の平均と精度行列をとりあえず求めるのである．次に，この事後分布を用いて平均データ尤度 $\Theta(\boldsymbol{\nu}, \boldsymbol{\Lambda})$ を計算し，これを最大とする $\boldsymbol{\nu}$ と $\boldsymbol{\Lambda}$ の最適推定値 $\widehat{\boldsymbol{\nu}}$ と $\widehat{\boldsymbol{\Lambda}}$ を求める．この $\widehat{\boldsymbol{\nu}}$ と $\widehat{\boldsymbol{\Lambda}}$ を用いて事後分布を計算し直すというステップを繰り返す．ここで，事後分布を求める部分は E ステップ，$\widehat{\boldsymbol{\nu}}$ と $\widehat{\boldsymbol{\Lambda}}$ を求める部分は M ステップと呼ばれる．EM アルゴリズムではこの E ステップと M ステップを何回も繰り返すことにより，ハイパーパラメータの値と事後分布を更新し，推定精度を上げていくわけである．この手順により推定精度が確かに向上していくことは第 9.5 節で説明する．

9.3　EM アルゴリズム—スカラー変数の場合

9.3.1　観測データのモデル

この EM アルゴリズムを第 8.1 節で議論した 1 変数の簡単なモデルで導いてみよう．まず，データモデルは

$$y = x + \varepsilon \tag{9.11}$$

を仮定する．ここで，x，y および ε は全てスカラー変数 (1 変数) で，y が観測値，x が未知量，ε 加法的に加わるノイズである．ここで，未知量 x の事前確率分布として

$$f(x|\alpha) = \mathcal{N}(x|0, \alpha^{-1}) = \sqrt{\frac{\alpha}{2\pi}} e^{-\frac{\alpha}{2}x^2} \tag{9.12}$$

を仮定し，観測データの確率分布を

$$f(y|x, \beta) = \mathcal{N}(y|x, \beta^{-1}) = \sqrt{\frac{\beta}{2\pi}} e^{-\frac{\beta}{2}(y-x)^2} \tag{9.13}$$

と仮定する．ここで，ハイパーパラメータ α は x の事前確率分布の精度，β はノイズの精度である．

9.3.2 E ステップ

事後確率分布の導出は第 8.1 節で既に述べてある．

$$f(x|y) = \mathcal{N}(x|\bar{x}, \gamma^{-1}) \tag{9.14}$$

とおくと，

$$\gamma = \alpha + \beta \tag{9.15}$$

$$\bar{x} = (\alpha + \beta)^{-1}\beta y \tag{9.16}$$

を導くことができる．

9.3.3 M ステップ

次に M ステップにおける α と β の更新式を導く．完全データ尤度は

$$\begin{aligned}\log f(x, y|\alpha, \beta) &= \log f(x|\alpha) + \log f(y|x, \beta) \\ &= \frac{1}{2}\log\alpha - \frac{\alpha}{2}x^2 + \frac{1}{2}\log\beta - \frac{\beta}{2}(y-x)^2\end{aligned} \tag{9.17}$$

と求められる．したがって，平均データ尤度は

$$\Theta(\alpha, \beta) = \int \log f(x, y|\alpha, \beta) f(x|y) dx = E\left[\log f(x, y|\alpha, \beta)\right] \tag{9.18}$$

を計算する．式 (9.17) を式 (9.18) に代入すれば

$$\Theta(\alpha, \beta) = \frac{1}{2}\log\alpha - \frac{\alpha}{2}E\left[x^2\right] + \frac{1}{2}\log\beta - \frac{\beta}{2}E\left[(y-x)^2\right] \tag{9.19}$$

を得る．そして，α と β の更新値 $\widehat{\alpha}$ と $\widehat{\beta}$ を

$$\widehat{\alpha} = \underset{\alpha}{\operatorname{argmax}}\, \Theta(\alpha, \beta) \tag{9.20}$$

$$\widehat{\beta} = \underset{\beta}{\operatorname{argmax}}\, \Theta(\alpha, \beta) \tag{9.21}$$

として求める．

まず $\widehat{\alpha}$ を求めるため式 (9.19) を α で微分すれば，

$$\frac{\partial}{\partial\alpha}\Theta(\alpha, \beta) = \frac{1}{2\alpha} - \frac{1}{2}E\left[x^2\right] \tag{9.22}$$

であるので，これをゼロとおいて推定値 $\widehat{\alpha}$ を求めると，

$$\widehat{\alpha} = E\left[x^2\right]^{-1} = \left(\bar{x}^2 + \gamma^{-1}\right)^{-1} \tag{9.23}$$

を得る．また，式 (9.19) を β について微分すると，

$$\frac{\partial}{\partial \beta}\Theta(\alpha, \beta) = \frac{1}{2\beta} - \frac{1}{2}E\left[(y - x)^2\right] \tag{9.24}$$

であるので，これをゼロとおいて結局

$$\widehat{\beta} = \left[(y - \bar{x})^2 + \gamma^{-1}\right]^{-1} \tag{9.25}$$

を得る [**問題 9.3**].

9.3.4　EM アルゴリズムのまとめ

以上をまとめると，ハイパーパラメータ α と β の更新式は

$$\widehat{\alpha} = \left(\bar{x}^2 + \gamma^{-1}\right)^{-1} \tag{9.26}$$

$$\widehat{\beta} = \left[(y - \bar{x})^2 + \gamma^{-1}\right]^{-1} \tag{9.27}$$

である．ここで $\bar{x}$ および γ は事後分布のパラメータであり，

$$\gamma = \alpha + \beta, \tag{9.28}$$

$$\bar{x} = (\alpha + \beta)^{-1}\beta y \tag{9.29}$$

により求める．ここで，α と β を求めるためには $\bar{x}$ および γ が必要であり，$\bar{x}$ と γ を求めるためには α と β の値が必要である．つまり，これらのパラメータはクローズドフォームの解 (単一の数式で表現されるような解) が存在せず数値計算による数値解 (numerical solution) を求めなければならない．EM アルゴリズムにおいては，まず適当な α と β を仮定し，$\bar{x}$ と γ を求める．次に，この $\bar{x}$ と γ を用いて α と β の値を求めなおす．この α と β の値を用いて，$\bar{x}$ と γ の値を更新するという手順を繰り返すことで，未知量 $\bar{x}$ とハイパーパラメータ α と β の妥当な推定値を求めようとする方法である．

9.4 EM アルゴリズム—多変数の場合

9.4.1 平均データ尤度の導出

多変数の線形正規モデルの場合に議論を進めよう．まず，E ステップは与えられた $\boldsymbol{\nu}$ と $\boldsymbol{\Lambda}$ から事後確率分布 $f(\boldsymbol{x}|\boldsymbol{y})$ を求めるのであるから，式 (8.33) および式 (8.34) において $\boldsymbol{\mu} = \boldsymbol{0}$ としたものが E ステップの更新式となる．

次に，M ステップの更新式を導く．まず，完全データ尤度は式 (9.7) に式 (9.1) と式 (9.2) を代入すると，

$$\begin{aligned}\log f(\boldsymbol{y}, \boldsymbol{x}|\boldsymbol{\nu}, \boldsymbol{\Lambda}) = \frac{1}{2}\log|\boldsymbol{\nu}| - \frac{1}{2}\boldsymbol{x}^T\boldsymbol{\nu}\boldsymbol{x} + \frac{1}{2}\log|\boldsymbol{\Lambda}| \\ -\frac{1}{2}(\boldsymbol{y} - \boldsymbol{H}\boldsymbol{x})^T\boldsymbol{\Lambda}(\boldsymbol{y} - \boldsymbol{H}\boldsymbol{x})\end{aligned} \tag{9.30}$$

である．したがって，平均データ尤度は

$$\begin{aligned}\Theta(\boldsymbol{\nu}, \boldsymbol{\Lambda}) = \frac{1}{2}\log|\boldsymbol{\nu}| - \frac{1}{2}E\left[\boldsymbol{x}^T\boldsymbol{\nu}\boldsymbol{x}\right] + \frac{1}{2}\log|\boldsymbol{\Lambda}| \\ -\frac{1}{2}E\left[(\boldsymbol{y} - \boldsymbol{H}\boldsymbol{x})^T\boldsymbol{\Lambda}(\boldsymbol{y} - \boldsymbol{H}\boldsymbol{x})\right]\end{aligned} \tag{9.31}$$

と表される．

9.4.2 ハイパーパラメータの更新式

$\boldsymbol{\nu}$ の更新値 $\widehat{\boldsymbol{\nu}}$ を求めるために，式 (9.31) を $\boldsymbol{\nu}$ で微分すれば，

$$\frac{\partial}{\partial\boldsymbol{\nu}}\Theta(\boldsymbol{\nu}, \boldsymbol{\Lambda}) = \frac{1}{2}\boldsymbol{\nu}^{-1} - \frac{1}{2}E\left[\boldsymbol{x}\boldsymbol{x}^T\right] \tag{9.32}$$

である．ここで，微分公式 (A.21) と (A.22) を用いた．上式右辺をゼロとおき，

$$\widehat{\boldsymbol{\nu}}^{-1} = E\left[\boldsymbol{x}\boldsymbol{x}^T\right] \tag{9.33}$$

を得る．ここで，事後確率分布の精度行列 $\boldsymbol{\Gamma}$ を用いると

$$E\left[\boldsymbol{x}\boldsymbol{x}^T\right] = \bar{\boldsymbol{x}}\bar{\boldsymbol{x}}^T + \boldsymbol{\Gamma}^{-1} \tag{9.34}$$

であるので

$$\widehat{\boldsymbol{\nu}}^{-1} = \bar{\boldsymbol{x}}\bar{\boldsymbol{x}}^T + \boldsymbol{\Gamma}^{-1} \tag{9.35}$$

を得る．上式がハイパーパラメータ $\boldsymbol{\nu}$ の更新式である．

次に $\boldsymbol{\Lambda}$ については，平均データ尤度を $\boldsymbol{\Lambda}$ で微分すると，

$$\frac{\partial}{\partial \boldsymbol{\Lambda}}\Theta(\boldsymbol{\nu}, \boldsymbol{\Lambda}) = \frac{1}{2}\boldsymbol{\Lambda}^{-1} - \frac{1}{2}E\left[(\boldsymbol{y} - \boldsymbol{H}\boldsymbol{x})(\boldsymbol{y} - \boldsymbol{H}\boldsymbol{x})^T\right] \tag{9.36}$$

となる．したがって，上式右辺をゼロとおき，

$$\widehat{\boldsymbol{\Lambda}}^{-1} = E\left[(\boldsymbol{y} - \boldsymbol{H}\boldsymbol{x})(\boldsymbol{y} - \boldsymbol{H}\boldsymbol{x})^T\right] \tag{9.37}$$

を得る．上式を事後分布のパラメータで表せばハイパーパラメータ $\boldsymbol{\Lambda}$ の更新式として，結局，

$$\widehat{\boldsymbol{\Lambda}}^{-1} = (\boldsymbol{y} - \boldsymbol{H}\bar{\boldsymbol{x}})(\boldsymbol{y} - \boldsymbol{H}\bar{\boldsymbol{x}})^T + \boldsymbol{H}\boldsymbol{\Gamma}^{-1}\boldsymbol{H}^T \tag{9.38}$$

を得る [**問題 9.4**]．

9.4.3　EM アルゴリズムのまとめ

事前分布とノイズに対し，

$$f(\boldsymbol{x}) = \mathcal{N}(\boldsymbol{x}|\mathbf{0}, \boldsymbol{\nu}^{-1})$$
$$f(\boldsymbol{\varepsilon}) = \mathcal{N}(\boldsymbol{\varepsilon}|\mathbf{0}, \boldsymbol{\Lambda}^{-1})$$

を仮定した線形正規モデルにおいて，E ステップの更新式は

$$\boldsymbol{\Gamma} = \boldsymbol{\nu} + \boldsymbol{H}^T\boldsymbol{\Lambda}\boldsymbol{H} \tag{9.39}$$

$$\bar{\boldsymbol{x}} = (\boldsymbol{\nu} + \boldsymbol{H}^T\boldsymbol{\Lambda}\boldsymbol{H})^{-1}\boldsymbol{H}^T\boldsymbol{\Lambda}\boldsymbol{y} \tag{9.40}$$

と与えられる．M ステップのハイパーパラメータに対する更新式は

$$\widehat{\boldsymbol{\nu}}^{-1} = \bar{\boldsymbol{x}}\bar{\boldsymbol{x}}^T + \boldsymbol{\Gamma}^{-1} \tag{9.41}$$

$$\widehat{\boldsymbol{\Lambda}}^{-1} = (\boldsymbol{y} - \boldsymbol{H}\bar{\boldsymbol{x}})(\boldsymbol{y} - \boldsymbol{H}\bar{\boldsymbol{x}})^T + \boldsymbol{H}\boldsymbol{\Gamma}^{-1}\boldsymbol{H}^T \tag{9.42}$$

で与えられる．

EM アルゴリズムでは，まず適当な $\boldsymbol{\nu}$ と $\boldsymbol{\Lambda}$ により式 (9.39) と (9.40) か

ら $\boldsymbol{\Gamma}$ と $\bar{\boldsymbol{x}}$ を求める．次に，それらの値を用いて式 (9.41) と (9.42) から $\boldsymbol{\nu}$ と $\boldsymbol{\Lambda}$ を求め，さらに，これらの値と再び式 (9.39) と (9.40) を用いて $\boldsymbol{\Gamma}$ と $\bar{\boldsymbol{x}}$ の値を更新する．このようにして未知量 $\boldsymbol{x}$ の MMSE 推定解 $\bar{\boldsymbol{x}}$ を (ハイパーパラメータ $\boldsymbol{\nu}$ と $\boldsymbol{\Lambda}$ の値を推定しながら) 求めることができる．

EM アルゴリズムの終了には，毎 M ステップ終了時点でエビデンス $\log f(\boldsymbol{y}|\boldsymbol{\nu},\boldsymbol{\Lambda})$ を

$$\log f(\boldsymbol{y}|\boldsymbol{\nu},\boldsymbol{\Lambda}) = -\frac{1}{2}\log|\boldsymbol{\Lambda}^{-1}+\boldsymbol{H}\boldsymbol{\nu}^{-1}\boldsymbol{H}^T| - \frac{1}{2}\boldsymbol{y}^T\left[\boldsymbol{\Lambda}^{-1}+\boldsymbol{H}\boldsymbol{\nu}^{-1}\boldsymbol{H}^T\right]^{-1}\boldsymbol{y} \tag{9.43}$$

に更新された $\widehat{\boldsymbol{\nu}}$ と $\widehat{\boldsymbol{\Lambda}}$ を代入することにより計算する．一般的には，多数回の更新の後，$\log f(\boldsymbol{y}|\boldsymbol{\nu},\boldsymbol{\Lambda})$ に目立った増加が見られなくなった時点で EM アルゴリズムを終了する．式 (9.43) の導出については**問題 9.2** の回答を参照されたい．

次に第 8.3.2 節で説明した $\boldsymbol{\Lambda}=\beta\boldsymbol{I}$ および $\boldsymbol{\nu}=\alpha\boldsymbol{I}$ の場合について考えてみよう．この場合は E ステップの更新式は

$$\boldsymbol{\Gamma} = \alpha\boldsymbol{I} + \beta\boldsymbol{H}^T\boldsymbol{H} \tag{9.44}$$

$$\bar{\boldsymbol{x}} = \left(\boldsymbol{H}^T\boldsymbol{H} + \frac{\alpha}{\beta}\boldsymbol{I}\right)^{-1}\boldsymbol{H}^T\boldsymbol{y} \tag{9.45}$$

であり，M ステップにおけるハイパーパラメータ α と β についての更新式は

$$\widehat{\alpha}^{-1} = \frac{1}{N}\left[\bar{\boldsymbol{x}}^T\bar{\boldsymbol{x}} + \mathrm{tr}\left(\boldsymbol{\Gamma}^{-1}\right)\right] \tag{9.46}$$

$$\widehat{\beta}^{-1} = \frac{1}{M}\left[\|\boldsymbol{y}-\boldsymbol{H}\bar{\boldsymbol{x}}\|^2 + \mathrm{tr}\left(\boldsymbol{H}^T\boldsymbol{H}\boldsymbol{\Gamma}^{-1}\right)\right] \tag{9.47}$$

である [**問題 9.5**]．第 8.3.2 節でも指摘したように，式 (9.45) は正則化を用いた未知量 $\boldsymbol{x}$ の最小二乗推定解に等しい．最小二乗解では正則化の必要性は「経験的かつその場しのぎ的」(ad hoc) に与えられ，したがって，正則化定数 (式 (5.29) における ξ) をどのように決めたらよいかについて明確な指針を与えることができなかった．本章で説明した EM アルゴリズムを用いれば，EM アルゴリズム終了時点での $\bar{\boldsymbol{x}}$ が，適切な正則化定数が α/β と

して組み込まれた形での，未知量 $\boldsymbol{x}$ に対する推定解を求めることができる．

9.5　EMアルゴリズムの妥当性

本節ではEMアルゴリズムの妥当性について考えてみよう．ここではハイパーパラメータをまとめて $\boldsymbol{\theta}$ で表す．第9.1節でも述べたように，そもそもハイパーパラメータ $\boldsymbol{\theta}$ はエビデンス関数 $f(\boldsymbol{y}|\boldsymbol{\theta})$ を最大とすることで求めることができるが，エビデンス関数は非線形関数になってしまい，計算が難しい．代わりに用いられるのがEMアルゴリズムで，このアルゴリズムでは平均データ尤度 $\Theta(\boldsymbol{\theta})$ を最大とすることで $\boldsymbol{\theta}$ の値を求める．

しかし，ここには問題があり $\Theta(\boldsymbol{\theta})$ を求めるためには事後分布 $f(\boldsymbol{x}|\boldsymbol{y})$ が必要である．ところが，$f(\boldsymbol{x}|\boldsymbol{y})$ を求めるのにそもそも $\boldsymbol{\theta}$ の値を必要とする．そこでEMアルゴリズムは再帰的なアルゴリズムとなっている．つまり，仮の値を $\boldsymbol{\theta}$ に仮定し，ひとまず $f(\boldsymbol{x}|\boldsymbol{y})$ を求め，これを用いて $\Theta(\boldsymbol{\theta})$ を求める．そして $\Theta(\boldsymbol{\theta})$ を最大とする $\boldsymbol{\theta}$ を新たに求め，この新たな値を用いて，また $\Theta(\boldsymbol{\theta})$ を求め直すことを繰り返すのである．このようなアルゴリズムははたして妥当な結果に収束するであろうか．また，「妥当さ」はどのように議論したらよいであろうか．

EMアルゴリズムが妥当な解を与えることを示すには，EMアルゴリズムによるパラメータ $\boldsymbol{\theta}$ の更新の結果，エビデンス関数 $\log f(\boldsymbol{y}|\boldsymbol{\theta})$ が増加することを示せばよい．以下に，EMアルゴリズムにより $\log f(\boldsymbol{y}|\boldsymbol{\theta})$ が増加することを示す．まず，$q(\boldsymbol{x})$ を確率変数 $\boldsymbol{x}$ に関する任意の確率分布とすれば，次の式が成立する [**問題 9.6**]．

$$\log f(\boldsymbol{y}|\boldsymbol{\theta}) = \Theta_{[q(\boldsymbol{x})]}(\boldsymbol{\theta}) + \mathcal{H}[q(\boldsymbol{x})] + \mathcal{K}[q(\boldsymbol{x}), f(\boldsymbol{x}|\boldsymbol{y}, \boldsymbol{\theta})] \tag{9.48}$$

ここで，

$$\Theta_{[q(\boldsymbol{x})]}(\boldsymbol{\theta}) = \int q(\boldsymbol{x}) \log f(\boldsymbol{x}, \boldsymbol{y}|\boldsymbol{\theta}) d\boldsymbol{x} \tag{9.49}$$

$$\mathcal{H}[q(\boldsymbol{x})] = -\int q(\boldsymbol{x}) \log q(\boldsymbol{x}) d\boldsymbol{x} \tag{9.50}$$

$$\mathcal{K}[q(\boldsymbol{x}), f(\boldsymbol{x}|\boldsymbol{y}, \boldsymbol{\theta})] = -\int q(\boldsymbol{x}) \log \left[\frac{f(\boldsymbol{x}|\boldsymbol{y}, \boldsymbol{\theta})}{q(\boldsymbol{x})} \right] d\boldsymbol{x} \tag{9.51}$$

式 (9.49) に示される $\Theta_{[q(\boldsymbol{x})]}(\boldsymbol{\theta})$ は，確率分布 $q(\boldsymbol{x})$ に関して計算された平均データ尤度であり，パラメータ $\boldsymbol{\theta}$ に関する関数である．次に，$\mathcal{H}[q(\boldsymbol{x})]$ は確率分布 $q(\boldsymbol{x})$ に関するエントロピーと呼ばれる関数である．最後に，$\mathcal{K}[q(\boldsymbol{x}), f(\boldsymbol{x}|\boldsymbol{y},\boldsymbol{\theta})]$ は KL ダイバージェンスと呼ばれ，2 つの確率分布 $q(\boldsymbol{x})$ と $f(\boldsymbol{x}|\boldsymbol{y},\boldsymbol{\theta})$ の距離を表すものである．すなわち，KL ダイバージェンスは任意の 2 つの入力確率分布 q と f に対して常に，$\mathcal{K}(q,f) \geq 0$ であり，等号成立は $q = f$ の場合のみである．

ここで EM アルゴリズムの k 回の繰り返しが終わった時点で $\log(\boldsymbol{y}|\boldsymbol{\theta})$ の値を求めてみよう．この時点で $\boldsymbol{\theta}$ の値は $\boldsymbol{\theta}^{(k)}$ と更新されているが，$q(\boldsymbol{x})$ は k 回目の E ステップで求まった確率分布 $f(\boldsymbol{x}|\boldsymbol{y},\boldsymbol{\theta}^{(k-1)})$ のままである．すなわち，$\boldsymbol{\theta} = \boldsymbol{\theta}^{(k)}$ と $q(\boldsymbol{x}) = f(\boldsymbol{x}|\boldsymbol{y},\boldsymbol{\theta}^{(k-1)})$ を式 (9.48) に代入すると，この時点でのエビデンスは

$$\log f(\boldsymbol{y}|\boldsymbol{\theta}^{(k)}) = \Theta_{[f(\boldsymbol{x}|\boldsymbol{y},\boldsymbol{\theta}^{(k-1)})]}(\boldsymbol{\theta}^{(k)}) + \mathcal{H}[f(\boldsymbol{x}|\boldsymbol{y},\boldsymbol{\theta}^{(k-1)})] \\ +\mathcal{K}[f(\boldsymbol{x}|\boldsymbol{y},\boldsymbol{\theta}^{(k-1)}), f(\boldsymbol{x}|\boldsymbol{y},\boldsymbol{\theta}^{(k)})] \tag{9.52}$$

と表すことができる．

$k+1$ 回目の E ステップでは，まず，$\boldsymbol{\theta}$ の新しい推定値 $\boldsymbol{\theta} = \boldsymbol{\theta}^{(k)}$ に応じた新しい事後分布 $f(\boldsymbol{x}|\boldsymbol{y},\boldsymbol{\theta}^{(k)})$ を求め，$q(\boldsymbol{x}) = f(\boldsymbol{x}|\boldsymbol{y},\boldsymbol{\theta}^{(k)})$ とする．この E ステップでは $\boldsymbol{\theta}$ の値は変化がないので，エビデンスの値 $\log f(\boldsymbol{y}|\boldsymbol{\theta}^{(k)})$ には変化がない．すなわち，$\boldsymbol{\theta} = \boldsymbol{\theta}^{(k)}$，$q(\boldsymbol{x}) = f(\boldsymbol{x}|\boldsymbol{y},\boldsymbol{\theta}^{(k)})$ を式 (9.52) に代入すると，

$$\log f(\boldsymbol{y}|\boldsymbol{\theta}^{(k)}) = \Theta_{[f(\boldsymbol{x}|\boldsymbol{y},\boldsymbol{\theta}^{(k)})]}(\boldsymbol{\theta}^{(k)}) + \mathcal{H}[f(\boldsymbol{x}|\boldsymbol{y},\boldsymbol{\theta}^{(k)})] \tag{9.53}$$

を得る．ここで，$\mathcal{K}[f(\boldsymbol{x}|\boldsymbol{y},\boldsymbol{\theta}^{(k)}), f(\boldsymbol{x}|\boldsymbol{y},\boldsymbol{\theta}^{(k)})] = 0$ であることに注意されたい．

次の M ステップでは，$\boldsymbol{\theta}$ をフリーパラメータとして平均データ尤度 $\Theta_{[f(\boldsymbol{x}|\boldsymbol{y},\boldsymbol{\theta}^{(k)})]}(\boldsymbol{\theta})$ を最大とする $\boldsymbol{\theta}$ を求め，新しい $\boldsymbol{\theta}$ の更新値 $\boldsymbol{\theta}^{(k+1)}$ とする．更新後のエビデンス関数 $\log f(\boldsymbol{y}|\boldsymbol{\theta}^{(k+1)})$ は以下のように表される．

$$\log f(\boldsymbol{y}|\boldsymbol{\theta}^{(k+1)}) = \Theta_{[f(\boldsymbol{x}|\boldsymbol{y},\boldsymbol{\theta}^{(k)})]}(\boldsymbol{\theta}^{(k+1)}) + \mathcal{H}[f(\boldsymbol{x}|\boldsymbol{y},\boldsymbol{\theta}^{(k)})] \\ +\mathcal{K}[f(\boldsymbol{x}|\boldsymbol{y},\boldsymbol{\theta}^{(k)}), f(\boldsymbol{x}|\boldsymbol{y},\boldsymbol{\theta}^{(k+1)})] \tag{9.54}$$

式 (9.53) と (9.54) の右辺を比較すれば，まず，エントロピーの項は共通である．平均データ尤度の項は，$\Theta_{[f(\boldsymbol{x}|\boldsymbol{y},\boldsymbol{\theta}^{(k)})]}(\boldsymbol{\theta})$ を最大とする $\boldsymbol{\theta}$ を $\boldsymbol{\theta}^{(k+1)}$ としたのであるから，

$$\Theta_{[f(\boldsymbol{x}|\boldsymbol{y},\boldsymbol{\theta}^{(k)})]}(\boldsymbol{\theta}^{(k+1)}) \geq \Theta_{[f(\boldsymbol{x}|\boldsymbol{y},\boldsymbol{\theta}^{(k)})]}(\boldsymbol{\theta}^{(k)})$$

は明らかに成立する．また，KL ダイバージェンスは常に正 (またはゼロ) の値を取るため，すなわち，

$$\mathcal{K}[f(\boldsymbol{x}|\boldsymbol{y},\boldsymbol{\theta}^{(k)}), f(\boldsymbol{x}|\boldsymbol{y},\boldsymbol{\theta}^{(k+1)})] \geq 0$$

であるため，結局，

$$\log f(\boldsymbol{y}|\boldsymbol{\theta}^{(k+1)}) \geq \log f(\boldsymbol{y}|\boldsymbol{\theta}^{(k)}) \tag{9.55}$$

が成立する．つまり，EM アルゴリズムは必ずエビデンス関数を増大させる．したがって，EM アルゴリズムを用いて $\boldsymbol{\theta}^{(k)}$ を更新していけば，エビデンス関数を最大とすることで求めたものと近い $\boldsymbol{\theta}$ が求まることが期待できるわけである．

問　　題

9.1 第 9.3 節で考察したスカラーモデルの場合のエビデンスを求めよ．

9.2 第 9.4 節で考察した線形正規モデルにおけるエビデンスを求めよ．

9.3 式 (9.25) を導出せよ．

9.4 式 (9.38) を導出せよ．

9.5 式 (9.46) および (9.47) を導出せよ．

9.6 式 (9.48) の成立を示せ．

第10章　線形動的システム

前章までは，観測データ $\boldsymbol{y}$ と未知量 $\boldsymbol{x}$ の間に線形離散モデル

$$\boldsymbol{y} = \boldsymbol{H}\boldsymbol{x} + \boldsymbol{\varepsilon}$$

を仮定し，観測データ $\boldsymbol{y}$ から未知量 $\boldsymbol{x}$ を推定する方法について解説してきた．本章では，このモデルにおいて推定したい未知量 $\boldsymbol{x}$ が (したがって観測データ $\boldsymbol{y}$ も) 時間的に変動する場合を考える．未知量が時々刻々と時間変化する場合，時間変化を以下の式 (10.1) で表すモデルを線形動的システムと呼ぶ．また未知量 $\boldsymbol{x}$ を時間変化に追従して推定していく推定式はカルマンフィルターと呼ばれる．本章ではこのカルマンフィルターを導出し，前章までの推定との関係を考察する．

10.1　データのモデル

本章では，線形離散モデルにおいて推定したい未知量 $\boldsymbol{x}$ が (したがって観測データ $\boldsymbol{y}$ も) 時間的に変動する場合を考える．時間的に変動する $\boldsymbol{x}$ と $\boldsymbol{y}$ を表すため，時刻 t_k における $\boldsymbol{x}$ の値を $\boldsymbol{x}_k$ と表し，時刻 t_k における $\boldsymbol{y}$ の値を $\boldsymbol{y}_k$ と表す．そして，$\boldsymbol{x}_k$ の時間変化が次のモデル

$$\boldsymbol{x}_k = \boldsymbol{F}\boldsymbol{x}_{k-1} + \boldsymbol{w} \tag{10.1}$$

で表されるとする．ここで，$\boldsymbol{w}$ は確率的に変動する量で次の正規分布

$$\boldsymbol{w} \sim \mathcal{N}(\boldsymbol{w}|\boldsymbol{0}, \boldsymbol{\Sigma}_w) \tag{10.2}$$

に従うとする．ここで，$\boldsymbol{\Sigma}_w$ は確率変数 $\boldsymbol{w}$ の共分散行列である．式 (10.1) は未知量ベクトル $\boldsymbol{x}_k$ の時間変化を記述するもので，ある時刻の値が 1 ステップ前の時刻の値とどのように関係しているかを記述したものである．ここで，$\boldsymbol{F}$ は遷移行列と呼ばれる．

未知量 (状態変数) と観測データの間にはこれまで通り，線形離散モデル，

$$\boldsymbol{y}_k = \boldsymbol{H}\boldsymbol{x}_k + \boldsymbol{\varepsilon} \tag{10.3}$$

を仮定する．式 (10.1) と (10.3) で表されるモデルを線形動的システム (linear dynamical system)，略して LDS と呼ぶ．本書では $\boldsymbol{x}_k$ を未知量ベクトルと呼んできたが，線形動的システムの議論では $\boldsymbol{x}_k$ を状態変数あるいはシステムの状態と呼ぶことも多い．

今，観測値 $\boldsymbol{y}_k$ が時系列データで，$k = 1, \ldots, K$ の順番で時々刻々得られるとする．k を 1 から K のどこか途中の値として，計測の途中 $\boldsymbol{y}_1, \ldots, \boldsymbol{y}_k$ までの観測結果からその時点での $\boldsymbol{x}_k$ を推定する問題を考える．すなわち，$\boldsymbol{x}_k$ の MMSE 最適推定値

$$\bar{\boldsymbol{x}}_k = \int \boldsymbol{x}_k f(\boldsymbol{x}_k|\boldsymbol{y}_1, \ldots, \boldsymbol{y}_k) d\boldsymbol{x}_k \tag{10.4}$$

を求める問題をフィルタリングの問題と呼び，得られた推定式をカルマンフィルターと呼ぶ．

全ての観測を終えた後に，すなわち観測データ $\boldsymbol{y}_1, \ldots, \boldsymbol{y}_K$ を取得後に $\boldsymbol{x}_k$ の MMSE 推定値

$$\widehat{\boldsymbol{x}}_k = \int \boldsymbol{x}_k f(\boldsymbol{x}_k|\boldsymbol{y}_1, \ldots, \boldsymbol{y}_K) d\boldsymbol{x}_k \tag{10.5}$$

を求める問題をスムージング問題と呼び，得られた推定式をカルマンスムーザーと呼ぶ．カルマンスムーザーの導出もカルマンフィルターと類似の考え方で導出できるが，その導出はかなり煩雑であるため本書では取り扱わない．

10.2　スカラー変数に対する線形動的システム

10.2.1　データモデル

まず，最も簡単なモデル，すなわち状態変数と観測データがともにスカラーであるモデルを用いて線形動的システムを説明しよう．x の時刻 t_k における値を x_k で表す．さらに，時刻 t_k における観測データを y_k で表す．x_k と y_k の間には

$$y_k = x_k + \varepsilon \tag{10.6}$$

の関係がある．ここで，ノイズ $\boldsymbol{\varepsilon}$ は平均ゼロ，分散 σ^2 の正規分布をする．すなわち，

$$\varepsilon \sim \mathcal{N}(\varepsilon|0, \sigma^2) \tag{10.7}$$

である．$t_1, \ldots, t_k$ についてこの順番で時々刻々，観測データ $y_1, \ldots, y_k$ を取得していくとする．つまり

$$\begin{aligned} y_1 &= x_1 + \varepsilon \\ y_2 &= x_2 + \varepsilon \\ &\vdots \\ y_k &= x_k + \varepsilon \end{aligned} \tag{10.8}$$

がこの順番で観測されるとする．未知量 x_k が時間的に変動しなければ算術平均が x_k の最尤推定解である．すなわち，時刻 $t_1, \ldots, k_k$ のデータに対して

$$\widehat{x}_k = \frac{1}{k} \sum_{j=1}^{k} y_j$$

となる $\widehat{x}_k$ が最尤推定解である．

しかし，状態変数 x_k が時間変動する場合には，この算術平均による推定は x_k の時間変動を全く無視することになる．それでは，状態変数 x_k の時間変動が無視できない場合には，時刻 $t = t_k$ における x_k の最適推定解をどのように求めたらいいだろうか．まず，x_k の時間変動を

$$x_k = F x_{k-1} + w \tag{10.9}$$

でモデル化する．ここで，確率変数 w は分散 σ_w^2 の正規分布に従う．つまり

$$w \sim \mathcal{N}(w|0, \sigma_w^2) \tag{10.10}$$

であるとする．このモデルのもとで x_k の MMSE 最適推定解

$$\bar{x}_k = \int_{-\infty}^{\infty} x_k f(x_k|y_1,\ldots,y_k)dx_k \tag{10.11}$$

はカルマンフィルターと呼ばれる．

10.2.2　カルマンフィルターの導出

それでは式 (10.11) で示す x_k の MMSE 解 $\bar{x}_k$ を求めてみよう．ここでは x_k の事後確率分布 $f(x_k|y_1,\ldots,y_k)$ は正規分布であることを用いて

$$f(x_k|y_1,\ldots,y_k) = \mathcal{N}(x_k|\bar{x}_k, v_k) \tag{10.12}$$

とおく．ここで $\bar{x}_k$ は x_k の平均，v_k は x_k の分散である．1 つ前までの計測結果 $y_1,\ldots,y_{k-1}$ に対しても

$$f(x_{k-1}|y_1,\ldots,y_{k-1}) = \mathcal{N}(x_{k-1}|\bar{x}_{k-1}, v_{k-1}) \tag{10.13}$$

とおく．ここで $\bar{x}_{k-1}$ は x_{k-1} の平均，v_{k-1} は x_{k-1} の分散である．以下，$\bar{x}_{k-1}$ と v_{k-1} から $\bar{x}_k$ と v_k を推定する関係式を導こう．

まず，式 (10.9) と (10.10) から

$$f(x_k|x_{k-1}) = \mathcal{N}(x_k|Fx_{k-1}, \sigma_w^2) \tag{10.14}$$

が導かれる．ところで式 (10.9) から $f(x_k|x_{k-1})$ は x_{k-1} のみを条件とする確率分布であるので，確率変数 x_k は $y_1,\ldots,y_{k-1}$ に対して条件付き独立である．したがって，

$$f(x_k|x_{k-1},y_1,\ldots,y_{k-1}) = f(x_k|x_{k-1}) = \mathcal{N}(x_k|Fx_{k-1}, \sigma_w^2) \tag{10.15}$$

が成立する．全く同様に，式 (10.6) および (10.7) から

$$f(y_k|x_k) = \mathcal{N}(y_k|x_k, \sigma^2) \tag{10.16}$$

が成り立つが，式 (10.6) から $f(y_k|x_k)$ は x_k のみを条件とする確率分布であるので，確率変数 y_k は $y_1,\ldots,y_{k-1}$ に対して条件付き独立である．したがって，

$$f(y_k|x_k, y_1, \ldots, y_{k-1}) = f(y_k|x_k) = \mathcal{N}(y_k|x_k, \sigma^2) \tag{10.17}$$

が成立する．

$f(x_{k-1}|y_1, \ldots, y_{k-1})$ から $f(x_k|y_1, \ldots, y_k)$ を求めるために，まず中間段階の $f(x_k|y_1, \ldots, y_{k-1})$ を求める．この $f(x_k|y_1, \ldots, y_{k-1})$ は

$$f(x_k, x_{k-1}|y_1, \ldots, y_{k-1}) = f(x_k|x_{k-1}, y_1, \ldots, y_{k-1})f(x_{k-1}|y_1, \ldots, y_{k-1}) \tag{10.18}$$

を計算し，続けて確率変数 x_{k-1} について周辺化し

$$f(x_k|y_1, \ldots, y_{k-1}) = \int f(x_k, x_{k-1}|y_1, \ldots, y_{k-1})dx_{k-1} \tag{10.19}$$

として計算する．考え方は第 8.3.3 節で述べた周辺分布 $f(\boldsymbol{y})$ の導出と同じである．

$$f(x_{k-1}|y_1, \ldots, y_{k-1}) = \mathcal{N}(x_{k-1}|\bar{x}_{k-1}, v_{k-1}) \tag{10.20}$$

$$f(x_k|x_{k-1}, y_1, \ldots, y_{k-1}) = \mathcal{N}(x_k|Fx_{k-1}, \sigma_w^2) \tag{10.21}$$

を用いて

$$f(x_k|y_1, \ldots, y_{k-1}) = \int_{-\infty}^{\infty} \mathcal{N}(x_k|Fx_{k-1}, \sigma_w^2)\mathcal{N}(x_{k-1}|\bar{x}_{k-1}, v_{k-1})dx_{k-1} \tag{10.22}$$

を計算する．ここで，$f(x_k|y_1, \ldots, y_{k-1})$ も正規分布であるので

$$f(x_k|y_1, \ldots, y_{k-1}) = \mathcal{N}(x_k|\mu_{k-1}, p_{k-1}) \tag{10.23}$$

とおくと，分散 p_{k-1} と期待値 μ_{k-1} は

$$p_{k-1} = F^2 v_{k-1} + \sigma_w^2 \tag{10.24}$$

$$\mu_{k-1} = F\bar{x}_{k-1} \tag{10.25}$$

として求まる [**問題 10.1**]．

次に，今求めた $f(x_k|y_1, \ldots, y_{k-1})$ と式 (10.17) に示す $f(y_k|x_k, y_1, \ldots, y_{k-1})$ から $f(x_k|y_1, \ldots, y_k)$ を求める．この導出にはベイズの定理

$$f(x_k|y_1,\ldots,y_k) \propto f(y_k|x_k,y_1,\ldots,y_{k-1})f(x_k|y_1,\ldots,y_{k-1}) \qquad (10.26)$$

を用いる．式 (10.26) に式 (10.23) で求めた $f(x_k|y_1,\ldots,y_{k-1})$ と式 (10.17) に与えられた $f(y_k|x_k,y_1,\ldots,y_{k-1})$ を代入し事後分布 $f(x_k|y_1,\ldots,y_k)$ を求める．この計算は既に第 8.1 節で行っていて，式 (8.10) と (8.11) から

$$v_k = \frac{\sigma^2 p_{k-1}}{\sigma^2 + p_{k-1}} \qquad (10.27)$$

$$\bar{x}_k = \frac{\sigma^2 \mu_{k-1} + p_{k-1} y_k}{\sigma^2 + p_{k-1}} \qquad (10.28)$$

を得ることができる．式 (10.27) および (10.28) は，式 (10.24) で求まる p_{k-1} を介して v_{k-1} と $\bar{x}_{k-1}$ から v_k と $\bar{x}_k$ を求める式になっている．式 (10.24)，(10.27) および (10.28) をカルマンフィルターと呼ぶ．カルマンフィルターを用いれば初期条件により求まる $\bar{x}_1$ と v_1 から $\bar{x}_k$ と v_k を $k = 2, \ldots, K$ の順番で次々と求めていくことができる．

カルマンフィルターは習慣的に

$$v_k = (1-\kappa)p_{k-1} \qquad (10.29)$$

$$\bar{x}_k = F\bar{x}_{k-1} + \kappa(y_k - F\bar{x}_{k-1}) \qquad (10.30)$$

と表記される．ここで，κ は

$$\kappa = \frac{p_{k-1}}{\sigma^2 + p_{k-1}} \qquad (10.31)$$

であり，カルマンゲインと呼ばれる．式 (10.30) の右辺において，$y_k - F\bar{x}_{k-1}$ は次のステップの観測値に対する実際の観測値 y_k とその予測値 $F\bar{x}_{k-1}$ とのずれを表す．このずれ量に補正のためのあるゲイン κ を乗じて補正量を求め，その補正量を用いて平均予測値 $F\bar{x}_{k-1}$ を補正したものを，最終的な x_k の推定解とするものがカルマンフィルターである．この時の補正のためのゲインが式 (10.31) で表され，カルマンゲインと呼ばれる．

簡単な場合において，カルマンフィルターの計算を実行してみよう．まず観測ノイズがゼロの時，つまり $\sigma^2 = 0$ の場合，式 (10.27) および (10.28) は

$$v_k = 0 \tag{10.32}$$

$$\bar{x}_k = y_k \tag{10.33}$$

となる．これは観測ノイズが存在しない時には，観測値 y_k がその時間での未知量 x_k を与えるという当然の結果である．

次に，未知量が時間変化しない場合を考えてみよう．このような場合は $F = 1$，$\sigma_w^2 = 0$ で表される．すると，式 (10.24) および式 (10.25) より

$$p_{k-1} = v_{k-1} \tag{10.34}$$

$$\mu_{k-1} = \bar{x}_{k-1} \tag{10.35}$$

を得る．最初の観測値 y_1 は $y_1 = x_1 + \varepsilon$ と表されるが，ここで初期値として $\bar{x}_1 = y_1$，$v_1 = \sigma^2$ を用いると，

$$p_1 = v_1 = \sigma^2 \tag{10.36}$$

$$\mu_1 = \bar{x}_1 = y_1 \tag{10.37}$$

となる．したがって，式 (10.27) および (10.28) より

$$v_2 = \frac{\sigma^2 p_1}{\sigma^2 + p_1} = \frac{\sigma^2 \sigma^2}{\sigma^2 + \sigma^2} = \frac{\sigma^2}{2} \tag{10.38}$$

$$\bar{x}_2 = \frac{\sigma^2 \mu_1 + p_1 y_2}{\sigma^2 + p_1} = \frac{\sigma^2 y_1 + \sigma^2 y_2}{\sigma^2 + \sigma^2} = \frac{y_1 + y_2}{2} \tag{10.39}$$

となる．さらに

$$v_3 = \frac{\sigma^2 p_2}{\sigma^2 + p_2} = \frac{\sigma^2 v_2}{\sigma^2 + v_2} = \frac{\sigma^2}{3} \tag{10.40}$$

$$\bar{x}_3 = \frac{\sigma^2 \mu_2 + p_2 y_3}{\sigma^2 + p_2} = \frac{\sigma^2 \bar{x}_2 + v_2 y_3}{\sigma^2 + v_2} = \frac{y_1 + y_2 + y_3}{3} \tag{10.41}$$

を得る．この議論を拡張すれば任意の k に対し，

$$v_k = \frac{\sigma^2}{k} \tag{10.42}$$

$$\bar{x}_k = \frac{1}{k} \sum_{j=1}^{k} y_j \tag{10.43}$$

を得る．式 (10.43) は算術平均の式，式 (10.42) はその分散を表す式である．

したがって，未知量 x_k が時間変化しない場合は，カルマンフィルターは最尤推定解，すなわち算術平均を与える．この結果はわれわれの直感とも一致するものである．

10.3　カルマンフィルター—多変数の場合

次に，一般的な多変数の場合についてカルマンフィルターを導いてみよう．この導出は 1 変数の場合と基本的に同じである．ここでもう 1 度，線形動的システムにおける状態遷移と観測の式を確認しよう．

$$\boldsymbol{x}_k = \boldsymbol{F}\boldsymbol{x}_{k-1} + \boldsymbol{w} \tag{10.44}$$

$$\boldsymbol{y}_k = \boldsymbol{H}\boldsymbol{x}_k + \boldsymbol{\varepsilon} \tag{10.45}$$

それぞれの確率変数に対し正規分布

$$\boldsymbol{w} \sim \mathcal{N}(\boldsymbol{w}|\boldsymbol{0}, \boldsymbol{\Sigma}_w) \tag{10.46}$$

$$\boldsymbol{\varepsilon} \sim \mathcal{N}(\boldsymbol{\varepsilon}|\boldsymbol{0}, \boldsymbol{\Sigma}) \tag{10.47}$$

を仮定する．ここで，観測ノイズ $\boldsymbol{\varepsilon}$ は共分散行列 $\boldsymbol{\Sigma}$ を持つとした．このモデルのもとで $\boldsymbol{x}_k$ の事後確率分布 $f(\boldsymbol{x}_k|\boldsymbol{y}_1, \ldots, \boldsymbol{y}_k)$ を導く．導出の基本的な考え方は前節のスカラー変数の場合と同じである．

まず，$f(\boldsymbol{x}_k|\boldsymbol{y}_1, \ldots, \boldsymbol{y}_k)$ は正規分布をするので，

$$f(\boldsymbol{x}_k|\boldsymbol{y}_1, \ldots, \boldsymbol{y}_k) = \mathcal{N}(\boldsymbol{x}_k|\bar{\boldsymbol{x}}_k, \boldsymbol{V}_k) \tag{10.48}$$

とおく．ここで $\bar{\boldsymbol{x}}_k$ は $\boldsymbol{x}_k$ の平均，$\boldsymbol{V}_k$ は $\boldsymbol{x}_k$ の共分散行列である．ここで，式 (10.44)，(10.45)，(10.46) および (10.47) から

$$f(\boldsymbol{x}_k|\boldsymbol{x}_{k-1}, \boldsymbol{y}_1, \ldots, \boldsymbol{y}_{k-1}) = \mathcal{N}(\boldsymbol{x}_k|\boldsymbol{F}\boldsymbol{x}_{k-1}, \boldsymbol{\Sigma}_w) \tag{10.49}$$

$$f(\boldsymbol{y}_k|\boldsymbol{x}_k, \boldsymbol{y}_1, \ldots, \boldsymbol{y}_{k-1}) = \mathcal{N}(\boldsymbol{y}_k|\boldsymbol{H}\boldsymbol{x}_k, \boldsymbol{\Sigma}) \tag{10.50}$$

であることに留意して，$f(\boldsymbol{x}_{k-1}|\boldsymbol{y}_1, \ldots, \boldsymbol{y}_{k-1})$ から $f(\boldsymbol{x}_k|\boldsymbol{y}_1, \ldots, \boldsymbol{y}_k)$ を求める．そのためのに中間段階として，まず $f(\boldsymbol{x}_k|\boldsymbol{y}_1, \ldots, \boldsymbol{y}_{k-1})$ を求める．この確率分布は

$$f(\boldsymbol{x}_{k-1}|\boldsymbol{y}_1,\ldots,\boldsymbol{y}_{k-1}) = \mathcal{N}(\boldsymbol{x}_{k-1}|\bar{\boldsymbol{x}}_{k-1},\boldsymbol{V}_{k-1}) \tag{10.51}$$

と式 (10.49) を用いて

$$\begin{aligned} & f(\boldsymbol{x}_k,\boldsymbol{x}_{k-1}|\boldsymbol{y}_1,\ldots,\boldsymbol{y}_{k-1}) \\ &= f(\boldsymbol{x}_k|\boldsymbol{x}_{k-1},\boldsymbol{y}_1,\ldots,\boldsymbol{y}_{k-1})f(\boldsymbol{x}_{k-1}|\boldsymbol{y}_1,\ldots,\boldsymbol{y}_{k-1}) \end{aligned} \tag{10.52}$$

を計算し，続けて，

$$f(\boldsymbol{x}_k|\boldsymbol{y}_1,\ldots,\boldsymbol{y}_{k-1}) = \int f(\boldsymbol{x}_k,\boldsymbol{x}_{k-1}|\boldsymbol{y}_1,\ldots,\boldsymbol{y}_{k-1})d\boldsymbol{x}_{k-1} \tag{10.53}$$

と $\boldsymbol{x}_{k-1}$ に関して周辺化することにより求めることができる．この解は第 8.3.3 節において既に求めており，第 8.3.3 節の式 (8.62) において，$\boldsymbol{H} \to \boldsymbol{F}$，$\boldsymbol{\mu} \to \bar{\boldsymbol{x}}_{k-1}$，$\boldsymbol{\Lambda}^{-1} \to \boldsymbol{\Sigma}_w$，$\boldsymbol{\nu}^{-1} \to \boldsymbol{V}_{k-1}$ として与えられる．すなわち，

$$f(\boldsymbol{x}_k|\boldsymbol{y}_1,\ldots,\boldsymbol{y}_{k-1}) = \mathcal{N}(\boldsymbol{x}_k|\boldsymbol{F}\bar{\boldsymbol{x}}_{k-1},\boldsymbol{P}_{k-1}) \tag{10.54}$$

ここで，

$$\boldsymbol{P}_{k-1} = \boldsymbol{\Sigma}_w + \boldsymbol{F}\boldsymbol{V}_{k-1}\boldsymbol{F}^T \tag{10.55}$$

として求めることができる．

次に，$f(\boldsymbol{x}_k|\boldsymbol{y}_1,\ldots,\boldsymbol{y}_k)$ を求める．これは，ベイズの定理

$$f(\boldsymbol{x}_k|\boldsymbol{y}_1,\ldots,\boldsymbol{y}_k) \propto f(\boldsymbol{y}_k|\boldsymbol{x}_k,\boldsymbol{y}_1,\ldots,\boldsymbol{y}_{k-1})f(\boldsymbol{x}_k|\boldsymbol{y}_1,\ldots,\boldsymbol{y}_{k-1}) \tag{10.56}$$

を用いる．すなわち，

$$\mathcal{N}(\boldsymbol{x}_k|\bar{\boldsymbol{x}}_k,\boldsymbol{V}_k) \propto \mathcal{N}(\boldsymbol{y}_k|\boldsymbol{H}\boldsymbol{x}_k,\boldsymbol{\Sigma})\mathcal{N}(\boldsymbol{x}_k|\boldsymbol{F}\bar{\boldsymbol{x}}_{k-1},\boldsymbol{P}_{k-1}) \tag{10.57}$$

において，右辺を $\boldsymbol{x}_k$ に関して整理し，$\boldsymbol{x}_k$ の 2 次の項の係数行列から $\boldsymbol{V}_k^{-1}$ が求まり，$\boldsymbol{x}_k$ の 1 次の項の係数から $\boldsymbol{V}_k^{-1}\bar{\boldsymbol{x}}_k$ が求まる．$\bar{\boldsymbol{x}}_k$ と $\boldsymbol{V}_k$ は第 8.3.1 節の式 (8.33) と式 (8.34) おいて，$\boldsymbol{\mu} \to \boldsymbol{F}\bar{\boldsymbol{x}}_{k-1}$，$\boldsymbol{\nu} \to \boldsymbol{P}_k^{-1}$，$\boldsymbol{\Lambda} \to \boldsymbol{\Sigma}^{-1}$，$\boldsymbol{\Gamma} \to \boldsymbol{V}_k^{-1}$，$\bar{\boldsymbol{x}} \to \bar{\boldsymbol{x}}_k$ として求まる．すなわち，

$$\boldsymbol{V}_k = \left[\boldsymbol{P}_{k-1}^{-1} + \boldsymbol{H}^T\boldsymbol{\Sigma}^{-1}\boldsymbol{H}\right]^{-1} \tag{10.58}$$

$$\bar{\boldsymbol{x}}_k = \left[\boldsymbol{P}_{k-1}^{-1} + \boldsymbol{H}^T\boldsymbol{\Sigma}^{-1}\boldsymbol{H}\right]^{-1}\left[\boldsymbol{H}^T\boldsymbol{\Sigma}^{-1}\boldsymbol{y}_k + \boldsymbol{P}_{k-1}^{-1}\boldsymbol{F}\bar{\boldsymbol{x}}_{k-1}\right] \tag{10.59}$$

と与えられる．ここで，逆行列に関する公式 (A.32) を用いると，式 (10.58) および (10.59) は

$$\boldsymbol{V}_k = \boldsymbol{P}_{k-1} - \boldsymbol{\kappa}\boldsymbol{H}\boldsymbol{P}_{k-1} \tag{10.60}$$

$$\bar{\boldsymbol{x}}_k = \boldsymbol{F}\bar{\boldsymbol{x}}_{k-1} + \boldsymbol{\kappa}(\boldsymbol{y}_k - \boldsymbol{H}\boldsymbol{F}\bar{\boldsymbol{x}}_{k-1}) \tag{10.61}$$

と書くことができる [問題 **10.2**]．ここで，

$$\boldsymbol{\kappa} = \boldsymbol{P}_{k-1}\boldsymbol{H}^T(\boldsymbol{\Sigma} + \boldsymbol{H}\boldsymbol{P}_{k-1}\boldsymbol{H}^T)^{-1} \tag{10.62}$$

がカルマンゲインである．式 (10.55) に求められた $\boldsymbol{P}_{k-1}$ を介して，$\bar{\boldsymbol{x}}_{k-1}$ と $\boldsymbol{V}_{k-1}$ から式 (10.60) と式 (10.61) を用いて $\bar{\boldsymbol{x}}_k$ と $\boldsymbol{V}_k$ を求めることができる．これらの関係式が多変数の場合のカルマンフィルターである．

式 (10.61) の意味も先のスカラーの場合と同じである．$\boldsymbol{F}\bar{\boldsymbol{x}}_{k-1}$ は $\boldsymbol{y}_1, \ldots, \boldsymbol{y}_{k-1}$ の計測データによる $\boldsymbol{x}_k$ の予測値であり，$\boldsymbol{H}\boldsymbol{F}\bar{\boldsymbol{x}}_{k-1}$ は観測値 $\boldsymbol{y}_k$ の予測推定値である．この予測推定値を実際の $\boldsymbol{y}_k$ と比較し，その誤差 $\boldsymbol{y}_k - \boldsymbol{H}\boldsymbol{F}\bar{\boldsymbol{x}}_{k-1}$ をカルマンゲインで補正した補正量を $\boldsymbol{F}\bar{\boldsymbol{x}}_{k-1}$ に加えたものを $\boldsymbol{x}_k$ の最終的な推定値とするのが式 (10.61) である．

カルマンフィルターを用いれば，新しい観測データ $\boldsymbol{y}_k$ が観測される度に $\boldsymbol{x}_k$ に関する推定値 $\bar{\boldsymbol{x}}_k$ をアップデートして求めていくことができる．ここで，スカラー変数の場合に考察したように，もし観測データに含まれるノイズが小さく分散をゼロと仮定できるような場合は，現在の観測値を用いて未知量 $\boldsymbol{x}_k$ の推定値とすることができる [問題 **10.3**]．また，未知量 $\boldsymbol{x}_k$ が時間的に変化しない場合，つまり $\boldsymbol{F} = \boldsymbol{I}$ で $\boldsymbol{\Sigma}_w = 0$ の場合，カルマンフィルターの解は単にデータの算術平均になることを示すことができる [問題 **10.4**]．

問　　題

10.1 式 (10.24) および (10.25) を求めよ．

10.2 式 (10.60) および (10.61) を求めよ．

10.3 多変数カルマンフィルターの解において，観測データに含まれるノイズが小さく分散をゼロと仮定できるような場合，すなわち，$\boldsymbol{\Sigma} =$

$\mathbf{0}$ で $\boldsymbol{F} = \boldsymbol{I}$ の場合，$\boldsymbol{x}_k = \boldsymbol{y}_k$ で $\boldsymbol{V}_k = \mathbf{0}$ であることを示せ．なお，簡単のため $\boldsymbol{H} = \boldsymbol{I}$ を仮定せよ．したがって，この場合は過去のデータにかかわらず，現在の観測データのみを直接用いて $\boldsymbol{x}_k$ の値としてよいことになる．

10.4 多変数カルマンフィルターにおいて，未知量 $\boldsymbol{x}$ が変化しない場合，つまり $\boldsymbol{F} = \boldsymbol{I}$ で $\boldsymbol{\Sigma}_w = 0$ の場合，カルマンフィルターの解は単にデータの算術平均になることを示せ．簡単のため $\boldsymbol{H} = \boldsymbol{I}$ と仮定せよ．

付録　線形数学における基本事項

本章は，本書の内容を学ぶために必要となる最低限の線形数学の知識をまとめたものである．ただし個々の公式の証明までは載せていない．証明についてはしかるべき線形数学の教科書を参照されたい．本書では特に断らない限りベクトルを小文字のイタリック体・太字で表し，行列を大文字のイタリック体・太字で表す．太字でないイタリック体は大文字あるいは小文字を問わずスカラーを表すものとする．

A.1　列ベクトルの性質

列ベクトルに関する性質を見ていこう．

$$\boldsymbol{a} = \begin{bmatrix} a_1 \\ a_2 \\ \vdots \\ a_N \end{bmatrix}, \qquad \boldsymbol{b} = \begin{bmatrix} b_1 \\ b_2 \\ \vdots \\ b_N \end{bmatrix} \tag{A.1}$$

と 2 つの列ベクトル $\boldsymbol{a}$ と $\boldsymbol{b}$ を定義する．列ベクトルは行中では紙面の縦スペースを節約するため，行ベクトルを転置することにより表すことがある．すなわち，式 (A.1) を用いる代わりに $\boldsymbol{a} = [a_1, a_2, \ldots, a_N]^T$ および $\boldsymbol{b} = [b_1, b_2, \ldots, b_N]^T$ と表す場合がある．ここで上付きの T は行列の転置を表す．

列ベクトル間の内積 $\boldsymbol{a}^T\boldsymbol{b}$ はスカラーとなる．すなわち，

$$\boldsymbol{a}^T\boldsymbol{b} = \begin{bmatrix} a_1 & a_2 & \ldots & a_N \end{bmatrix} \begin{bmatrix} b_1 \\ b_2 \\ \vdots \\ b_N \end{bmatrix} = \sum_{j=1}^{N} a_j b_j \tag{A.2}$$

である．また $\boldsymbol{a}\boldsymbol{b}^T$ は外積と呼ばれ行列となる．すなわち，

$$\boldsymbol{a}\boldsymbol{b}^T = \begin{bmatrix} a_1 \\ a_2 \\ \vdots \\ a_N \end{bmatrix} \begin{bmatrix} b_1 & b_2 & \dots & b_N \end{bmatrix} = \begin{bmatrix} a_1b_1 & a_1b_2 & \cdots & a_1b_N \\ a_2b_1 & a_2b_2 & \cdots & \cdot \\ \vdots & \vdots & \ddots & \vdots \\ a_Nb_1 & \cdot & \cdots & a_Nb_N \end{bmatrix} \tag{A.3}$$

である．上式から

$$\mathrm{tr}\left(\boldsymbol{a}\boldsymbol{b}^T\right) = \boldsymbol{a}^T\boldsymbol{b} = \sum_{j=1}^{N} a_j b_j \tag{A.4}$$

が成り立つことがわかる．ただし，$\mathrm{tr}\,(\cdot)$ は行列のトレースを表す．また，ベクトル $\boldsymbol{a}$ のノルム $\|\boldsymbol{a}\|$ を

$$\|\boldsymbol{a}\|^2 = \boldsymbol{a}^T\boldsymbol{a} = \mathrm{tr}\left(\boldsymbol{a}\boldsymbol{a}^T\right) = \sum_{j=1}^{N} a_j^2 \tag{A.5}$$

と定義する．

A.2　行列に関する基本的な計算規則

行列に関する基本的な計算規則を復習しよう．以下では行列やベクトルは該当する式が成立するように次元が適切に定義されているとする．

行列 $\boldsymbol{A}$ と $\boldsymbol{B}$ の転置に関して

$$(\boldsymbol{A}\boldsymbol{B})^T = \boldsymbol{B}^T\boldsymbol{A}^T \tag{A.6}$$

が成り立つ．行列 $\boldsymbol{A}$ の逆行列を $\boldsymbol{A}^{-1}$ で表せば

$$(\boldsymbol{A}\boldsymbol{B})^{-1} = \boldsymbol{B}^{-1}\boldsymbol{A}^{-1} \tag{A.7}$$

である．また，

$$(\boldsymbol{A}^T)^{-1} = \left(\boldsymbol{A}^{-1}\right)^T \tag{A.8}$$

も成り立つ．

行列 $\boldsymbol{A}$ に関するトレースを $\mathrm{tr}(\boldsymbol{A})$ と書くと，

$$\mathrm{tr}(\boldsymbol{AB}) = \mathrm{tr}(\boldsymbol{BA}) \tag{A.9}$$

が成り立つ．また，

$$\mathrm{tr}(\boldsymbol{A} + \boldsymbol{B}) = \mathrm{tr}(\boldsymbol{A}) + \mathrm{tr}(\boldsymbol{B}) \tag{A.10}$$

である．$\boldsymbol{x}$ を列ベクトル，$\boldsymbol{A}$ を正方行列とすると，式 (A.4) から

$$\boldsymbol{x}^T \boldsymbol{A} \boldsymbol{x} = \mathrm{tr}(\boldsymbol{A} \boldsymbol{x} \boldsymbol{x}^T) \tag{A.11}$$

が成り立つ．

行列 $\boldsymbol{A}$ の行列式を $|\boldsymbol{A}|$ で表す．行列式に関して

$$|\boldsymbol{AB}| = |\boldsymbol{A}||\boldsymbol{B}| \tag{A.12}$$

であり，また

$$|\boldsymbol{A}^{-1}| = \frac{1}{|\boldsymbol{A}|} \tag{A.13}$$

も成り立つ．

A.3　スカラーのベクトルあるいは行列での微分

列ベクトル $\boldsymbol{x}$ の j 番目の要素を x_j とする．あるスカラー F を列ベクトル $\boldsymbol{x}$ で微分するとは，j 番目の要素が

$$\frac{\partial F}{\partial x_j}$$

の列ベクトルを作ることである．$\boldsymbol{a}$ を列ベクトル，$\boldsymbol{A}$ を行列として以下の関係が成り立つ．

$$\frac{\partial \boldsymbol{x}^T \boldsymbol{a}}{\partial \boldsymbol{x}} = \frac{\partial \boldsymbol{a}^T \boldsymbol{x}}{\partial \boldsymbol{x}} = \boldsymbol{a} \tag{A.14}$$

$$\frac{\partial \boldsymbol{x}^T \boldsymbol{A} \boldsymbol{x}}{\partial \boldsymbol{x}} = (\boldsymbol{A} + \boldsymbol{A}^T)\boldsymbol{x} \tag{A.15}$$

$$\frac{\partial\, \mathrm{tr}(\boldsymbol{x}\boldsymbol{a}^T)}{\partial \boldsymbol{x}} = \frac{\partial\, \mathrm{tr}(\boldsymbol{a}\boldsymbol{x}^T)}{\partial \boldsymbol{x}} = \boldsymbol{a} \tag{A.16}$$

行列 $\boldsymbol{A}$ の (i,j) 番目の要素を $A_{i,j}$ とする．スカラー F を行列 $\boldsymbol{A}$ で微分するとは，(i,j) 要素が

$$\frac{\partial F}{\partial A_{i,j}}$$

の行列を作ることである．代表的な以下の関係式が知られている．ここで，$\boldsymbol{x}$，$\boldsymbol{y}$ は列ベクトルであり，$\boldsymbol{A}$ と $\boldsymbol{B}$ は行列とする．

$$\frac{\partial \operatorname{tr}(\boldsymbol{A})}{\partial \boldsymbol{A}} = \boldsymbol{I} \tag{A.17}$$

$$\frac{\partial \operatorname{tr}(\boldsymbol{AB})}{\partial \boldsymbol{A}} = \boldsymbol{B}^T \tag{A.18}$$

$$\frac{\partial \operatorname{tr}(\boldsymbol{A}^T\boldsymbol{B})}{\partial \boldsymbol{A}} = \boldsymbol{B} \tag{A.19}$$

$$\frac{\partial \operatorname{tr}(\boldsymbol{ABA}^T)}{\partial \boldsymbol{A}} = \boldsymbol{A}(\boldsymbol{B}+\boldsymbol{B}^T) \tag{A.20}$$

$$\frac{\partial \boldsymbol{x}^T\boldsymbol{A}\boldsymbol{y}}{\partial \boldsymbol{A}} = \boldsymbol{x}\boldsymbol{y}^T \tag{A.21}$$

$$\frac{\partial \log|\boldsymbol{A}|}{\partial \boldsymbol{A}} = (\boldsymbol{A}^{-1})^T \tag{A.22}$$

A.4　分割された行列に関する計算規則

行列について，例えば

$$\boldsymbol{A} = \left[\begin{array}{cc|ccc} A_{11} & A_{12} & A_{13} & A_{14} & A_{15} \\ A_{21} & A_{22} & A_{23} & A_{24} & A_{25} \\ \hline A_{31} & A_{32} & A_{33} & A_{34} & A_{35} \\ A_{41} & A_{42} & A_{43} & A_{44} & A_{45} \\ A_{51} & A_{52} & A_{53} & A_{54} & A_{55} \end{array}\right] = \begin{bmatrix} \boldsymbol{B} & \boldsymbol{C} \\ \boldsymbol{D} & \boldsymbol{E} \end{bmatrix} \tag{A.23}$$

のように部分行列 (submatrix) を使って表すことはしばしば行われる．式 (A.23) では部分行列 $\boldsymbol{B}$，$\boldsymbol{C}$，$\boldsymbol{D}$，$\boldsymbol{E}$ は

$$\boldsymbol{B} = \begin{bmatrix} A_{11} & A_{12} \\ A_{21} & A_{22} \end{bmatrix} \quad \boldsymbol{C} = \begin{bmatrix} A_{13} & A_{14} & A_{15} \\ A_{23} & A_{24} & A_{25} \end{bmatrix}$$

$$\boldsymbol{D} = \begin{bmatrix} A_{31} & A_{32} \\ A_{41} & A_{42} \\ A_{51} & A_{52} \end{bmatrix} \quad \boldsymbol{E} = \begin{bmatrix} A_{33} & A_{34} & A_{35} \\ A_{43} & A_{44} & A_{45} \\ A_{53} & A_{54} & A_{55} \end{bmatrix}$$

と定義されている．このように部分行列によって分割された行列 (partitioned matrix) の計算規則について見てみよう．式 (A.23) で定義された行列 $\boldsymbol{A}$ に以下のように分割された行列 $\boldsymbol{S}$

$$\boldsymbol{S} = \left[\begin{array}{cc} S_{11} & S_{12} \\ S_{21} & S_{22} \\ \hline S_{31} & S_{32} \\ S_{41} & S_{42} \\ S_{51} & S_{52} \end{array}\right] = \begin{bmatrix} \boldsymbol{X} \\ \boldsymbol{Y} \end{bmatrix} \tag{A.24}$$

を乗じる場合を考えよう．この場合，

$$\begin{bmatrix} \boldsymbol{B} & \boldsymbol{C} \\ \boldsymbol{D} & \boldsymbol{E} \end{bmatrix} \begin{bmatrix} \boldsymbol{X} \\ \boldsymbol{Y} \end{bmatrix} = \begin{bmatrix} \boldsymbol{BX} + \boldsymbol{CY} \\ \boldsymbol{DX} + \boldsymbol{EY} \end{bmatrix} \tag{A.25}$$

が成り立つ．すなわち，行列が部分行列に分割されている場合，部分行列をスカラー要素と見なして行列の乗算を行うことができる．行列の転置についても

$$\begin{bmatrix} \boldsymbol{B} & \boldsymbol{C} \\ \boldsymbol{D} & \boldsymbol{E} \end{bmatrix}^T = \begin{bmatrix} \boldsymbol{B}^T & \boldsymbol{D}^T \\ \boldsymbol{C}^T & \boldsymbol{E}^T \end{bmatrix} \tag{A.26}$$

とすればよい．すなわち，部分行列をスカラー要素と見て転置行列を作り，さらに部分行列を転置すればよい．

最もよく使われる分割は列ベクトルによる分割である．例えば，2 つの行列 $\boldsymbol{A}$ と $\boldsymbol{X}$ が 4×4 の行列とする．$\boldsymbol{A}$ を列ベクトルで表すと，

$$\boldsymbol{A} = \begin{bmatrix} A_{11} & A_{12} & A_{13} & A_{14} \\ A_{21} & A_{22} & A_{23} & A_{24} \\ A_{31} & A_{32} & A_{33} & A_{34} \\ A_{41} & A_{42} & A_{43} & A_{44} \end{bmatrix} = [\boldsymbol{a}_1, \boldsymbol{a}_2, \boldsymbol{a}_3, \boldsymbol{a}_4] \tag{A.27}$$

となり，左側から行列 $\boldsymbol{X}$ を乗じる場合，

$$\boldsymbol{X}\boldsymbol{A} = \boldsymbol{X}[\boldsymbol{a}_1, \boldsymbol{a}_2, \boldsymbol{a}_3, \boldsymbol{a}_4] = [\boldsymbol{X}\boldsymbol{a}_1, \boldsymbol{X}\boldsymbol{a}_2, \boldsymbol{X}\boldsymbol{a}_3, \boldsymbol{X}\boldsymbol{a}_4] \tag{A.28}$$

として計算できる．ここで，$\boldsymbol{X}\boldsymbol{a}_j$ は乗算後の行列 $\boldsymbol{X}\boldsymbol{A}$ の j 番目の列ベクトルである．

さらに，$\boldsymbol{X}$ の転置行列 $\boldsymbol{X}^T$ の列ベクトル表記を用いてみよう．すなわち，

$$\boldsymbol{X}^T = [\boldsymbol{x}_1, \boldsymbol{x}_2, \boldsymbol{x}_3, \boldsymbol{x}_4] \tag{A.29}$$

である．ここで，$\boldsymbol{x}_j$ は $\boldsymbol{X}^T$ の j 番目の列ベクトル，すなわち，$\boldsymbol{X}$ の j 番目の行ベクトルである．この場合，行列 $\boldsymbol{X}$ と $\boldsymbol{A}$ の積 $\boldsymbol{X}\boldsymbol{A}$ は

$$\begin{aligned} \boldsymbol{X}\boldsymbol{A} &= \begin{bmatrix} \boldsymbol{x}_1^T \\ \boldsymbol{x}_2^T \\ \boldsymbol{x}_3^T \\ \boldsymbol{x}_4^T \end{bmatrix} \begin{bmatrix} \boldsymbol{a}_1 & \boldsymbol{a}_2 & \boldsymbol{a}_3 & \boldsymbol{a}_4 \end{bmatrix} \\ &= \begin{bmatrix} \boldsymbol{x}_1^T\boldsymbol{a}_1 & \boldsymbol{x}_1^T\boldsymbol{a}_2 & \boldsymbol{x}_1^T\boldsymbol{a}_3 & \boldsymbol{x}_1^T\boldsymbol{a}_4 \\ \boldsymbol{x}_2^T\boldsymbol{a}_1 & \boldsymbol{x}_2^T\boldsymbol{a}_2 & \boldsymbol{x}_2^T\boldsymbol{a}_3 & \boldsymbol{x}_2^T\boldsymbol{a}_4 \\ \boldsymbol{x}_3^T\boldsymbol{a}_1 & \boldsymbol{x}_3^T\boldsymbol{a}_2 & \boldsymbol{x}_3^T\boldsymbol{a}_3 & \boldsymbol{x}_3^T\boldsymbol{a}_4 \\ \boldsymbol{x}_4^T\boldsymbol{a}_1 & \boldsymbol{x}_4^T\boldsymbol{a}_2 & \boldsymbol{x}_4^T\boldsymbol{a}_3 & \boldsymbol{x}_4^T\boldsymbol{a}_4 \end{bmatrix} \end{aligned} \tag{A.30}$$

となる．つまり，$\boldsymbol{X}\boldsymbol{A}$ は (i,j) 要素が $\boldsymbol{x}_i^T\boldsymbol{a}_j$ となるような 4×4 の行列となる．また，積 $\boldsymbol{A}\boldsymbol{X}$ も以下のような 4×4 の行列となる．すなわち，

$$\boldsymbol{AX} = \begin{bmatrix} \boldsymbol{a}_1 & \boldsymbol{a}_2 & \boldsymbol{a}_3 & \boldsymbol{a}_4 \end{bmatrix} \begin{bmatrix} \boldsymbol{x}_1^T \\ \boldsymbol{x}_2^T \\ \boldsymbol{x}_3^T \\ \boldsymbol{x}_4^T \end{bmatrix} = \sum_{j=1}^{4} \boldsymbol{a}_j \boldsymbol{x}_j^T \tag{A.31}$$

である．このように行列の部分行列による分割，特に列ベクトルでの分割を用いることにより行列計算を見通しの良いものにできる．

A.5 逆行列に関するいくつかの公式

逆行列計算に関しては本書では以下の公式を用いる．

$$(\boldsymbol{A} + \boldsymbol{BD}^{-1}\boldsymbol{C})^{-1} = \boldsymbol{A}^{-1} - \boldsymbol{A}^{-1}\boldsymbol{B}(\boldsymbol{D} + \boldsymbol{CA}^{-1}\boldsymbol{B})^{-1}\boldsymbol{CA}^{-1} \tag{A.32}$$

$$(\boldsymbol{A}^{-1} + \boldsymbol{B}^T\boldsymbol{C}^{-1}\boldsymbol{B})^{-1}\boldsymbol{B}^T\boldsymbol{C}^{-1} = \boldsymbol{AB}^T(\boldsymbol{BAB}^T + \boldsymbol{C})^{-1} \tag{A.33}$$

また，

$$\begin{bmatrix} \boldsymbol{A} & \boldsymbol{B} \\ \boldsymbol{C} & \boldsymbol{D} \end{bmatrix}^{-1} = \begin{bmatrix} \boldsymbol{M} & -\boldsymbol{MBD}^{-1} \\ -\boldsymbol{D}^{-1}\boldsymbol{CM} & \boldsymbol{D}^{-1} + \boldsymbol{D}^{-1}\boldsymbol{CMBD}^{-1} \end{bmatrix} \tag{A.34}$$

ここで，

$$\boldsymbol{M} = (\boldsymbol{A} - \boldsymbol{BD}^{-1}\boldsymbol{C})^{-1}$$

である．

A.6 行列の固有値

$M \times M$ の正方行列 $\boldsymbol{A}$ において，

$$\boldsymbol{Au}_j = \lambda_j \boldsymbol{u}_j \tag{A.35}$$

を満たす M 個の列ベクトル $\boldsymbol{u}_j$ と定数 λ_j（$j = 1, \ldots, M$）が存在するとき，λ_j を固有値，$\boldsymbol{u}_j$ を固有ベクトルと呼ぶ．なお，本書では固有値は実数で，大きさの順で番号付けされているとする．つまり，

$$\lambda_1 \geq \lambda_2 \geq \cdots \geq \lambda_M \tag{A.36}$$

である．固有値を用いると，$\boldsymbol{A}$ の行列式は

$$|\boldsymbol{A}| = \prod_{j=1}^{M} \lambda_j \tag{A.37}$$

と表され，$\boldsymbol{A}$ のトレースは

$$\mathrm{tr}(\boldsymbol{A}) = \sum_{j=1}^{M} \lambda_j \tag{A.38}$$

と表される．

さらに以下の議論では $\boldsymbol{A}$ は実対称行列とする．すなわち，$\boldsymbol{A}$ の全ての要素が実数で $\boldsymbol{A} = \boldsymbol{A}^T$ が成立すると仮定する．実対称行列では固有値 λ_j は必ず実数となり，固有ベクトルは正規直交系をなす．すなわち，

$$\boldsymbol{u}_i^T \boldsymbol{u}_j = I_{i,j} \tag{A.39}$$

が成り立つ．ここで，$I_{i,j}$ は単位行列の (i,j) 要素である．$\boldsymbol{U} = [\boldsymbol{u}_1, \ldots, \boldsymbol{u}_M]$ なる固有ベクトルを列ベクトルとして持つ行列 $\boldsymbol{U}$ を考えると，式 (A.39) は

$$\boldsymbol{U}^T \boldsymbol{U} = \boldsymbol{U} \boldsymbol{U}^T = \boldsymbol{I} \tag{A.40}$$

と表される．ここで，$\boldsymbol{U}^T = \boldsymbol{U}^{-1}$ および $|\boldsymbol{U}| = 1$ が成り立つ．$\boldsymbol{U}$ を用いると

$$\boldsymbol{A}\boldsymbol{U} = \boldsymbol{A}[\boldsymbol{u}_1, \boldsymbol{u}_2, \ldots, \boldsymbol{u}_M] = [\boldsymbol{A}\boldsymbol{u}_1, \boldsymbol{A}\boldsymbol{u}_2, \ldots, \boldsymbol{A}\boldsymbol{u}_M] \tag{A.41}$$

と表され，一方，固有値を対角成分として持つ対角行列 $\boldsymbol{\Lambda}$ を

$$\boldsymbol{\Lambda} = \begin{bmatrix} \lambda_1 & 0 & \cdots & 0 \\ 0 & \lambda_2 & \cdots & 0 \\ 0 & \vdots & \ddots & \vdots \\ 0 & 0 & \cdots & \lambda_M \end{bmatrix} \tag{A.42}$$

と定義すれば,

$$\boldsymbol{U}\boldsymbol{\Lambda} = [\boldsymbol{u}_1, \ldots, \boldsymbol{u}_M] \begin{bmatrix} \lambda_1 & \cdots & 0 \\ \vdots & \ddots & \vdots \\ 0 & \cdots & \lambda_M \end{bmatrix} = [\lambda_1 \boldsymbol{u}_1, \ldots, \lambda_M \boldsymbol{u}_M] \quad \text{(A.43)}$$

となるので, 式 (A.35) は

$$\boldsymbol{A}\boldsymbol{U} = \boldsymbol{U}\boldsymbol{\Lambda} \quad \text{(A.44)}$$

と表される. 上式の右から $\boldsymbol{U}^T$ を乗じれば,

$$\boldsymbol{A} = \boldsymbol{U}\boldsymbol{\Lambda}\boldsymbol{U}^T \quad \text{(A.45)}$$

とも表される.

式 (A.45) を固有ベクトルで表すと

$$\boldsymbol{A} = \boldsymbol{U}\boldsymbol{\Lambda}\boldsymbol{U}^T = [\boldsymbol{u}_1, \ldots, \boldsymbol{u}_M] \begin{bmatrix} \lambda_1 & \cdots & 0 \\ \vdots & \ddots & \vdots \\ 0 & \cdots & \lambda_M \end{bmatrix} \begin{bmatrix} \boldsymbol{u}_1^T \\ \vdots \\ \boldsymbol{u}_M^T \end{bmatrix} = \sum_{j=1}^{M} \lambda_j \boldsymbol{u}_j \boldsymbol{u}_j^T \quad \text{(A.46)}$$

が成り立つ. 上式を行列 $\boldsymbol{A}$ の固有値展開と呼ぶ. 式 (A.46) から全ての固有値について $\lambda_j \neq 0$ であるならば,

$$\boldsymbol{A}^{-1} = \boldsymbol{U}\boldsymbol{\Lambda}^{-1}\boldsymbol{U}^T = \sum_{j=1}^{M} \frac{1}{\lambda_j} \boldsymbol{u}_j \boldsymbol{u}_j^T \quad \text{(A.47)}$$

も成り立つ. また, 全ての固有値が正またはゼロならば $\boldsymbol{A}^{1/2}$ を

$$\boldsymbol{A}^{1/2} = \boldsymbol{U} \begin{bmatrix} \lambda_1^{1/2} & 0 & \cdots & 0 \\ 0 & \lambda_2^{1/2} & \cdots & 0 \\ \vdots & \vdots & \ddots & \vdots \\ 0 & 0 & \cdots & \lambda_M^{1/2} \end{bmatrix} \boldsymbol{U}^T = \sum_{j=1}^{M} \sqrt{\lambda_j} \boldsymbol{u}_j \boldsymbol{u}_j^T \quad \text{(A.48)}$$

と定義することができる. ここで, $\boldsymbol{A}^{1/2}$ とは $\boldsymbol{A}^{1/2}\boldsymbol{A}^{1/2} = \boldsymbol{A}$ を満たす行列を意味する.

A.7　行列のランク

M 個のベクトル $\boldsymbol{a}_1, \ldots, \boldsymbol{a}_M$ に対してその線形和がゼロ，つまり，

$$\sum_{j=1}^{M} c_j \boldsymbol{a}_j = 0$$

となるのは $c_1 = \cdots = c_M = 0$ となる場合のみであるとき，M 個のベクトル $\boldsymbol{a}_1, \ldots, \boldsymbol{a}_M$ は線形独立であるという．

行列 $\boldsymbol{A}$ の線形独立な列ベクトルと行ベクトルの数は等しい．この数をこの行列 $\boldsymbol{A}$ のランクと呼ぶ．$\boldsymbol{A}$ は $M \times M$ の行列であるが，$\boldsymbol{A}$ のランクが M であるとき，$\boldsymbol{A}$ をフルランクの行列と呼ぶ．行列のランクはその行列のゼロでない固有値の数に等しい．つまり，$\boldsymbol{A}$ がランクが $\mathcal{R}$，$(\mathcal{R} < M)$ である時，$\boldsymbol{A}$ の固有値展開は

$$\boldsymbol{A} = \boldsymbol{U} \begin{bmatrix} \lambda_1 & 0 & \cdots & \cdot & \cdot & \cdots & 0 \\ 0 & \lambda_2 & \cdots & \cdot & \cdot & \cdot & \cdot \\ \vdots & \vdots & \ddots & \vdots & \vdots & \vdots & \vdots \\ 0 & \cdot & \cdots & \lambda_{\mathcal{R}} & 0 & \cdots & 0 \\ \cdot & \cdot & \cdots & \cdot & 0 & \cdots & 0 \\ \vdots & \vdots & \cdots & \vdots & \vdots & \ddots & \vdots \\ 0 & \cdot & \cdots & \cdot & 0 & \cdots & 0 \end{bmatrix} \boldsymbol{U}^T = \sum_{j=1}^{\mathcal{R}} \lambda_j \boldsymbol{u}_j \boldsymbol{u}_j^T \quad \text{(A.49)}$$

となる．式 (A.49) から当然，$\boldsymbol{A}$ がフルランクでない限り逆行列 $\boldsymbol{A}^{-1}$ は存在しない．$\boldsymbol{A}$ がフルランクでない場合，$\boldsymbol{A}$ の行列式は $|\boldsymbol{A}| = 0$ となる．

A.8　行列の特異値分解

次に $M \times N$ の非正方行列 $\boldsymbol{F}$ を考えよう．非正方行列に対しても式 (A.46) に類似した展開を導くことができる．すなわち $\boldsymbol{F}$ に対して，$M > N$ の場合，

$$\boldsymbol{F} = [\boldsymbol{u}_1, \boldsymbol{u}_2, \ldots, \boldsymbol{u}_M] \begin{bmatrix} \gamma_1 & 0 & \cdots & 0 \\ 0 & \gamma_2 & \cdots & 0 \\ \vdots & \vdots & \ddots & \vdots \\ 0 & 0 & \cdots & \gamma_N \\ 0 & \cdot & \cdot & 0 \\ \vdots & \vdots & \vdots & \vdots \\ 0 & \cdot & \cdot & 0 \end{bmatrix} \begin{bmatrix} \boldsymbol{v}_1^T \\ \boldsymbol{v}_2^T \\ \vdots \\ \boldsymbol{v}_N^T \end{bmatrix} \tag{A.50}$$

が成り立つ．上式を行列 $\boldsymbol{F}$ の特異値分解 (singular value decomposition) と呼び，略して SVD と呼ばれる．ここで，γ_j を行列の特異値，ベクトル $\boldsymbol{u}_j$ と $\boldsymbol{v}_j$ を特異値ベクトルと呼ぶ．本書ではやはり特異値は大きさの順に番号付けされているとする．非正方行列 $\boldsymbol{F}$ の次元が $M < N$ である場合には，特異値分解は

$$\boldsymbol{F} = [\boldsymbol{u}_1, \boldsymbol{u}_2, \ldots, \boldsymbol{u}_M] \begin{bmatrix} \gamma_1 & 0 & \cdots & 0 & 0 & \cdots & 0 \\ 0 & \gamma_2 & \cdots & 0 & 0 & \cdots & 0 \\ \vdots & \vdots & \ddots & \vdots & \vdots & \vdots & \vdots \\ 0 & 0 & \cdots & \gamma_M & 0 & \cdots & 0 \end{bmatrix} \begin{bmatrix} \boldsymbol{v}_1^T \\ \boldsymbol{v}_2^T \\ \vdots \\ \boldsymbol{v}_N^T \end{bmatrix} \tag{A.51}$$

となる．

特異値ベクトルは正規直交系をなすので，特異値ベクトルを列ベクトルとする行列を

$$\boldsymbol{U} = [\boldsymbol{u}_1, \boldsymbol{u}_2, \ldots, \boldsymbol{u}_M]$$

$$\boldsymbol{V} = [\boldsymbol{v}_1, \boldsymbol{v}_2, \ldots, \boldsymbol{v}_N]$$

と定義すると，$\boldsymbol{U}$ と $\boldsymbol{V}$ は共に直交行列で $\boldsymbol{U}^T\boldsymbol{U} = \boldsymbol{I}$ と $\boldsymbol{V}^T\boldsymbol{V} = \boldsymbol{I}$ の関係を満たす．式 (A.50) および (A.51) の両方の場合について，右辺中央に表記した $M \times N$ の対角行列を $\boldsymbol{\Lambda}$ とすれば[1]式 (A.50) および (A.51) は，どちらも，

[1]厳密には非対角要素が全てゼロの正方行列を対角行列と呼ぶため，$\boldsymbol{\Lambda}$ は対角行列ではないが，本書では便宜的にこれを $M \times N$ の対角行列と呼ぶことにする．

$$\boldsymbol{F} = \boldsymbol{U}\boldsymbol{\Lambda}\boldsymbol{V}^T \tag{A.52}$$

と表すことができる．ここで，

$$\boldsymbol{F}\boldsymbol{F}^T = \left(\boldsymbol{U}\boldsymbol{\Lambda}\boldsymbol{V}^T\right)\left(\boldsymbol{U}\boldsymbol{\Lambda}\boldsymbol{V}^T\right)^T = \boldsymbol{U}\boldsymbol{\Lambda}^2\boldsymbol{U}^T \tag{A.53}$$

であり，さらに，

$$\boldsymbol{F}^T\boldsymbol{F} = \left(\boldsymbol{U}\boldsymbol{\Lambda}\boldsymbol{V}^T\right)^T\left(\boldsymbol{U}\boldsymbol{\Lambda}\boldsymbol{V}^T\right) = \boldsymbol{V}\boldsymbol{\Lambda}^2\boldsymbol{V}^T \tag{A.54}$$

であるので，$\boldsymbol{U}$ は行列 $\boldsymbol{F}\boldsymbol{F}^T$ の固有ベクトルから，$\boldsymbol{V}$ は行列 $\boldsymbol{F}^T\boldsymbol{F}$ の固有ベクトルから求めることができる．また，特異値は $\boldsymbol{F}\boldsymbol{F}^T$ あるいは $\boldsymbol{F}^T\boldsymbol{F}$ の固有値の平方根を計算することにより求めることができる．式 (A.50) および (A.51) は，両式とも，

$$\boldsymbol{F} = \boldsymbol{U}\boldsymbol{\Lambda}\boldsymbol{V}^T = \sum_{j=1}^{R} \gamma_j \boldsymbol{u}_j \boldsymbol{v}_j^T \tag{A.55}$$

として行列 $\boldsymbol{F}$ を表すことができる．ここで R は M あるいは N のどちらか小さい方，すなわち $R = \min\{M, N\}$ である．

A.9　線形独立なベクトルの張る空間

実数を要素とする $N \times 1$ の列ベクトル $\boldsymbol{a}$ を

$$\boldsymbol{a} = \begin{bmatrix} a_1 \\ a_2 \\ \vdots \\ a_N \end{bmatrix} \tag{A.56}$$

とする．このような N 次元の実ベクトル全てが作る集合を $\Re^N$ と表す．すなわち，$\boldsymbol{a} \in \Re^N$ である．複数個の線形独立なベクトル $\boldsymbol{a}_1, \ldots, \boldsymbol{a}_M$ に対して，これらのベクトルの張る空間を $\mathcal{V}$ とすると，

$$\mathcal{V} = span\{\boldsymbol{a}_1, \ldots, \boldsymbol{a}_M\} \tag{A.57}$$

と表記する．$\mathcal{V}$ は，また，

$$\mathcal{V} = \{\boldsymbol{x} | \boldsymbol{x} = c_1\boldsymbol{a}_1 + \cdots + c_M\boldsymbol{a}_M, c_j \in \Re\} \tag{A.58}$$

とも書ける．上式右辺はベクトル $\boldsymbol{a}_1, \ldots, \boldsymbol{a}_M$ の実数重み $c_1, \ldots, c_M$ による線形和で表されたベクトル $\boldsymbol{x}$ の集合を意味する．また，あるベクトル空間 $\mathcal{A}$ が与えられた場合，$\mathcal{A}$ に含まれる線形独立なベクトルの数を $\mathcal{A}$ の次元と呼ぶ．式 (A.57) あるいは式 (A.58) の例ではベクトル空間 $\mathcal{V}$ の次元は M である．

複数個の線形独立なベクトルの張る空間の簡単な例として，3 次元空間における位置ベクトル $\boldsymbol{r} = (x, y, z)$ について考えてみよう．x，y，z 方向の単位ベクトルを

$$\boldsymbol{i} = (1, 0, 0) \quad \boldsymbol{j} = (0, 1, 0) \quad \boldsymbol{k} = (0, 0, 1)$$

とする．この場合の，

$$\mathcal{V} = span\{\boldsymbol{i}, \boldsymbol{j}, \boldsymbol{k}\}$$

は 3 次元空間の位置ベクトル全体の集合である．式 (A.58) のような書き方をすれば，

$$\mathcal{V} = \{\boldsymbol{x} | \boldsymbol{x} = c_1\boldsymbol{i} + c_2\boldsymbol{j} + c_3\boldsymbol{k}, c_j \in \Re\}$$

となる．このとき，（当然ながら）$\mathcal{V}$ の次元は 3 である．また，

$$\mathcal{V} = span\{\boldsymbol{j}, \boldsymbol{k}\}$$

あるいは

$$\mathcal{V} = \{\boldsymbol{x} | \boldsymbol{x} = c_2\boldsymbol{j} + c_3\boldsymbol{k}, c_j \in \Re\}$$

の場合は $\mathcal{V}$ は $y-z$ 面上の位置ベクトル全体の集合であり，$\mathcal{V}$ の次元は 2 である．

A.10　行列の列空間と零空間

$M \times N$ の行列 $\boldsymbol{H}$ を考えよう．$\boldsymbol{H} = [\boldsymbol{h}_1, \ldots, \boldsymbol{h}_N]$ としたとき，列ベクトルの張る空間

$$\mathcal{V}(\boldsymbol{H}) = span\{\boldsymbol{h}_1, \ldots, \boldsymbol{h}_N\} \tag{A.59}$$

を行列 $\boldsymbol{H}$ の列空間 (column space) と呼ぶ．また，

$$\mathcal{E}(\boldsymbol{H}) = \{\boldsymbol{x} | \boldsymbol{H}\boldsymbol{x} = \boldsymbol{0}, \boldsymbol{x} \in \Re^N\} \tag{A.60}$$

を行列 $\boldsymbol{H}$ の零空間 (null space) と呼ぶ．すなわち行列 $\boldsymbol{H}$ の零空間とは $\boldsymbol{H}\boldsymbol{x} = \boldsymbol{0}$ を満たす $N \times 1$ の列ベクトル $\boldsymbol{x}$ の集合である．さらに，

$$\mathcal{K}(\boldsymbol{H}) = \{\boldsymbol{y} | \boldsymbol{y}^T \boldsymbol{H} = \boldsymbol{0}, \boldsymbol{y} \in \Re^M\} \tag{A.61}$$

を行列 $\boldsymbol{H}$ の左側零空間 (left-hand null space) と呼ぶ．すなわち行列 $\boldsymbol{H}$ の左側零空間とは $\boldsymbol{y}^T \boldsymbol{H} = \boldsymbol{0}$ を満たす $M \times 1$ の列ベクトル $\boldsymbol{y}$ の集合である．ここで，

$$\mathcal{K}(\boldsymbol{H}) = \mathcal{E}(\boldsymbol{H}^T)$$

の関係もある．さらに，列空間 $\mathcal{V}$ の次元が R であれば，零空間 $\mathcal{E}$ の次元は $N-R$ であり，左側零空間 $\mathcal{K}$ の次元は $M-R$ となる．したがって，$\mathcal{E} = \emptyset$，すなわち零空間 $\mathcal{E}$ が空集合となるのは $\boldsymbol{H}$ のランクが N である場合のみであり，$\mathcal{K} = \emptyset$，すなわち左側零空間 $\mathcal{K}$ が空集合となるのは $\boldsymbol{H}$ のランクが M である場合のみである．

ベクトル空間 $\Re^M$ における部分集合 $\mathcal{Z}$ の直行補空間 (orthogonal complement) $\mathcal{Z}^\perp$ を以下のように定義する．

$$\mathcal{Z}^\perp = \{\boldsymbol{x} | \boldsymbol{x}^T \boldsymbol{a} = 0, \boldsymbol{a} \in \mathcal{Z}, \boldsymbol{x} \in \Re^M\} \tag{A.62}$$

すなわち，$\mathcal{Z}$ に属する全てのベクトル $\boldsymbol{a}$ に直交する $M \times 1$ の列ベクトル $\boldsymbol{x}$ が作る集合を $\mathcal{Z}^\perp$ とする．$\mathcal{Z}^\perp$ を $\mathcal{Z}$ の直行補空間と呼ぶ．行列 $\boldsymbol{H}$ の列ベクトル空間 $\mathcal{V}(\boldsymbol{H})$ と左側零空間 $\mathcal{K}(\boldsymbol{H})$ の間には

$$\mathcal{V}(\boldsymbol{H})^{\perp} = \mathcal{K}(\boldsymbol{H}) \tag{A.63}$$

の関係がある．つまり行列 $\boldsymbol{H}$ の列ベクトル空間と左側零空間 $\mathcal{K}(\boldsymbol{H})$ は直交補空間をなす．第 6 章で議論するノイズ部分空間と信号部分空間はこの直交補空間の例である．

問題の解答

第1章

1.1 $E(X)=\mu$ を用いて以下のように変形する．

$$E\left[(X-\mu)^2\right]=E\left[X^2-2\mu X+\mu^2\right]=E(X^2)-2\mu E(X)+\mu^2$$
$$=E(X^2)-2\mu\mu+\mu^2=E(X^2)-\mu^2$$

1.2 期待値の性質を用いて以下のように変形する．

$$\begin{aligned}\mathrm{Cov}(X,Y)&=E\left[(X-\mu_x)(Y-\mu_y)\right]\\&=E\left[XY-\mu_xY-X\mu_y+\mu_x\mu_y\right]\\&=E(XY)-\mu_xE(Y)-E(X)\mu_y+\mu_x\mu_y\\&=E(XY)-\mu_x\mu_y-\mu_x\mu_y+\mu_x\mu_y=E(XY)-\mu_x\mu_y\end{aligned}$$

1.3

$$E(XY)=\iint_{-\infty}^{\infty}xyf(x,y)dxdy$$

である．ここで，X と Y が独立であれば

$$f(x,y)=f_1(x)f_2(y)$$

が成り立つので以下を得る．

$$\begin{aligned}E(XY)&=\iint_{-\infty}^{\infty}xyf_1(x)f_2(y)dxdy\\&=\int_{-\infty}^{\infty}xf_1(x)dx\int_{-\infty}^{\infty}yf_2(y)dy=E(X)E(Y)\end{aligned}$$

1.4 定義を用いるだけである．

$$E(\boldsymbol{x}^T) = E\left([x_1, \ldots, x_N]^T\right)$$
$$= [E(x_1), \ldots, E(x_N)]^T = [\mu_1, \ldots, \mu_N]^T = \boldsymbol{\mu}^T$$

1.5 問題 1.1 とほとんど同じである．以下のように変形すればよい．

$$\boldsymbol{\Sigma} = E\left[(\boldsymbol{x}-\boldsymbol{\mu})(\boldsymbol{x}-\boldsymbol{\mu})^T\right] = E\left[\boldsymbol{x}\boldsymbol{x}^T - \boldsymbol{\mu}\boldsymbol{x}^T - \boldsymbol{x}\boldsymbol{\mu}^T + \boldsymbol{\mu}\boldsymbol{\mu}^T\right]$$
$$= E(\boldsymbol{x}\boldsymbol{x}^T) - \boldsymbol{\mu}E(\boldsymbol{x}^T) - E(\boldsymbol{x})\boldsymbol{\mu}^T + \boldsymbol{\mu}\boldsymbol{\mu}^T = E(\boldsymbol{x}\boldsymbol{x}^T) - \boldsymbol{\mu}\boldsymbol{\mu}^T$$

1.6 まず

$$\boldsymbol{\mu}_y = E\left[\boldsymbol{y}\right] = E\left[\boldsymbol{A}\boldsymbol{x}+\boldsymbol{b}\right] = \boldsymbol{A}\boldsymbol{\mu}_x + \boldsymbol{b}$$

は明らかである．したがって，

$$\boldsymbol{\Sigma}_y = E\left[(\boldsymbol{y}-\boldsymbol{\mu}_y)(\boldsymbol{y}-\boldsymbol{\mu}_y)^T\right]$$
$$= E\left[\boldsymbol{A}(\boldsymbol{x}-\boldsymbol{\mu}_x)\left(\boldsymbol{A}(\boldsymbol{x}-\boldsymbol{\mu}_x)\right)^T\right] = E\left[\boldsymbol{A}(\boldsymbol{x}-\boldsymbol{\mu}_x)(\boldsymbol{x}-\boldsymbol{\mu}_x)^T\boldsymbol{A}^T\right]$$
$$= \boldsymbol{A}E\left[(\boldsymbol{x}-\boldsymbol{\mu}_x)(\boldsymbol{x}-\boldsymbol{\mu}_x)^T\right]\boldsymbol{A}^T = \boldsymbol{A}\boldsymbol{\Sigma}_x\boldsymbol{A}^T$$

となる．

1.7 $E(aX) = a\mu$ であるので，

$$V(aX) = E\left[(aX - a\mu)^2\right] = E\left[a^2(X-\mu)^2\right]$$
$$= a^2E\left[(X-\mu)^2\right] = a^2V(X)$$

となる．式 (1.23) の証明は省略．

1.8 $E(X) = \int_{-\infty}^{\infty} xf(x)dx = \int_0^1 xdx = 1/2$，同様に $E(X^2) = \int_0^1 x^2dx = 1/3$ であるので，$V(X) = E(X^2) - E(X)^2 = 1/12$ を得る．

1.9 Y の累積分布関数を $F(y)$ とすると，

$$F(y) = P(Y \leq y) = P(1/X \leq y) = P(X \geq 1/y)$$

X の確率密度分布は $[0,1]$ で $f(x) = 1$ であるので，

$$P(X \geq 1/y) = \int_{1/y}^{1} dx = 1 - 1/y$$

である．確率変数 X が定義されるのは $[0,1]$ であるので，上式は $y \geq 1$

で成立する．$y < 1$ では $F(y) = 0$ である．したがって，Y の確率密度関数 $f(y)$ は

$$f(y) = \frac{dF(y)}{dy} = \begin{cases} 1/y^2 & y \geq 1 \\ 0 & y < 1 \end{cases}$$

となる．

1.10 $|x - \mu| \geq k\sigma$ となる x の領域を I として，確率密度分布を $f(x)$ とすると，

$$\begin{aligned} \sigma^2 &= \int_{-\infty}^{\infty} (x-\mu)^2 f(x)dx \geq \int_I (x-\mu)^2 f(x)dx \\ &\geq \int_I (k\sigma)^2 f(x)dx = (k\sigma)^2 \int_I f(x)dx = (k\sigma)^2 P(|X - \mu| \geq k\sigma) \end{aligned}$$

であるので，結局，

$$P(|X - \mu| \geq k\sigma) \leq 1/k^2$$

を得る．

第 2 章

2.1 式 (2.5) に対して，やはり積分変数を $t = (x - \mu)/(\sqrt{2}\sigma)$ となる t に変換する．

$$\begin{aligned} E(X) &= \frac{1}{\sqrt{2\pi}\sigma} \int_{-\infty}^{\infty} x \exp\left[-\frac{(x-\mu)^2}{2\sigma^2}\right] dx \\ &= \frac{1}{\sqrt{2\pi}\sigma} \int_{-\infty}^{\infty} (\sqrt{2}\sigma t + \mu) \exp\left[-t^2\right] \sqrt{2}\sigma dt \\ &= \frac{\sqrt{2}\sigma}{\sqrt{\pi}} \int_{-\infty}^{\infty} t \exp\left[-t^2\right] dt + \frac{\mu}{\sqrt{\pi}} \int_{-\infty}^{\infty} \exp\left[-t^2\right] dt \end{aligned}$$

上式の右辺第一項は被積分関数が奇関数であるためゼロとなる．右辺第二項に式 (2.4) を用いれば，結局，

$$E(X) = \frac{\mu}{\sqrt{\pi}} \int_{-\infty}^{\infty} \exp\left[-t^2\right] dt = \mu$$

を得る．$V(X)$ に関しても全く同じ積分変数の変換を行うと，

$$V(X) = \frac{1}{\sqrt{2\pi}\sigma}\int_{-\infty}^{\infty}(x-\mu)^2\exp\left[-\frac{(x-\mu)^2}{2\sigma^2}\right]dx$$
$$= \frac{2\sigma^2}{\sqrt{\pi}}\int_{-\infty}^{\infty}t^2\exp\left[-t^2\right]dt = \sigma^2$$

となる．ここで $\int_{-\infty}^{\infty} t^2 \exp\left[-t^2\right] dt = \sqrt{\pi}/2$ を用いた．

2.2 式 (2.15) の右辺第 1 行目の被積分関数の指数部分を Δ とすると

$$\Delta = -\frac{x^2}{2\sigma^2} - \frac{(u-x)^2}{2} = -\frac{1}{2}\left[\frac{1+\sigma^2}{\sigma^2}x^2 - 2ux + u^2\right]$$

$c = \sigma/\sqrt{1+\sigma^2}$ として Δ を x について平方完成すると，

$$\Delta = -\frac{1}{2}\left[\frac{1}{c^2}x^2 - 2ux + u^2\right] = -\frac{1}{2}\left[\frac{1}{c^2}(x-c^2u)^2 + (1-c^2)u^2\right]$$

したがって，式 (2.15) の右辺を得る．

2.3 $\boldsymbol{x} = \boldsymbol{U}\boldsymbol{y} + \boldsymbol{\mu}$ から

$$x_i = \sum_{j=1}^{N} U_{i,j}y_j + \mu_i$$

であるので $(\partial x_i)/(\partial y_j) = U_{i,j}$ を得る．

2.4 まず $y_j = \boldsymbol{u}_j^T\boldsymbol{z}$ から $\boldsymbol{y} = \boldsymbol{U}^T\boldsymbol{z}$ を，したがって $\boldsymbol{z} = \boldsymbol{U}\boldsymbol{y}$ を得る．$\boldsymbol{U} = [\boldsymbol{u}_1, \ldots, \boldsymbol{u}_N]$ であり，

$$\boldsymbol{z} = [\boldsymbol{u}_1, \ldots, \boldsymbol{u}_N]\boldsymbol{y} = [\boldsymbol{u}_1, \ldots, \boldsymbol{u}_N]\begin{bmatrix} y_1 \\ \vdots \\ y_N \end{bmatrix} = \sum_{j=1}^{N} y_j\boldsymbol{u}_j$$

である．したがって，

$$\boldsymbol{z}\boldsymbol{z}^T = \sum_{i=1}^{N} y_i\boldsymbol{u}_i \sum_{j=1}^{N} y_j\boldsymbol{u}_j^T = \sum_{i=1}^{N}\sum_{j=1}^{N} y_iy_j\boldsymbol{u}_i\boldsymbol{u}_j^T$$

を得る．

2.5 $\boldsymbol{\Sigma}^{-1} = \sum_{k=1}^{N}(1/\lambda_k)\,\boldsymbol{u}_k\boldsymbol{u}_k^T$ を用いると

$$\boldsymbol{z}^T\boldsymbol{\Sigma}^{-1}\boldsymbol{z} = \sum_{j=1}^{N} y_j \boldsymbol{u}_j^T \left[\sum_{k=1}^{N} \frac{1}{\lambda_k}\boldsymbol{u}_k\boldsymbol{u}_k^T\right] \sum_{i=1}^{N} y_i \boldsymbol{u}_i$$

であり，固有ベクトル $\boldsymbol{u}_j$ の直交性から，結局，

$$\boldsymbol{z}^T\boldsymbol{\Sigma}^{-1}\boldsymbol{z} = \sum_{k=1}^{N} \frac{y_k^2}{\lambda_k}$$

を得る．

2.6 式 (2.46) および (2.47) を式 (2.45) に代入すると，

$$E\left[\boldsymbol{z}\boldsymbol{z}^T\right] = \frac{1}{(2\pi)^{N/2}|\boldsymbol{\Sigma}|^{1/2}} \sum_{i=1}^{N}\sum_{j=1}^{N} \boldsymbol{u}_i\boldsymbol{u}_j^T \int_{-\infty}^{\infty} y_i y_j \exp\left[-\sum_{k=1}^{N}\frac{y_k^2}{2\lambda_k}\right] d\boldsymbol{y}$$

上式右辺の積分に注目すると，この積分は $i \neq j$ に対しては被積分関数が奇関数となるためゼロとなる．したがって，残るのは $i = j$ の場合の項のみであり，結局，

$$\begin{aligned} E\left[\boldsymbol{z}\boldsymbol{z}^T\right] &= \frac{1}{(2\pi)^{N/2}|\boldsymbol{\Sigma}|^{1/2}} \sum_{j=1}^{N} \left[\int_{-\infty}^{\infty} y_j^2 \exp\left[-\sum_{k=1}^{N}\frac{y_k^2}{2\lambda_k}\right] d\boldsymbol{y}\right] \boldsymbol{u}_j\boldsymbol{u}_j^T \\ &= \sum_{j=1}^{N} \left[\frac{1}{(2\pi\lambda_j)^{1/2}} \int_{-\infty}^{\infty} y_j^2 \exp\left[-\frac{y_j^2}{2\lambda_j}\right] dy_j\right] \boldsymbol{u}_j\boldsymbol{u}_j^T \end{aligned}$$

を得る．

2.7 $\phi(z) = \mathcal{N}(z|0,1)$，$\mathcal{N}(z|0,1)$ の累積分布関数を $\Phi(z)$ とすると，X の累積分布関数を $F(x)$ として，

$$F(x) = P(X \leq x) = P(-\sqrt{x} \leq Z \leq \sqrt{x}) = \Phi(\sqrt{x}) - \Phi(-\sqrt{x})$$

であるので，X の確率密度分布 $f(x)$ は

$$\begin{aligned} f(x) &= \frac{dF(x)}{dx} = \frac{1}{2}x^{-1/2}\phi(\sqrt{x}) + \frac{1}{2}x^{-1/2}\phi(-\sqrt{x}) \\ &= x^{-1/2}\phi(\sqrt{x}) = \frac{x^{-1/2}}{\sqrt{2\pi}}e^{-x/2} \end{aligned}$$

となる．

2.8 $E(X_j) = p$，$E(X^2) = p$ より $V(X) = p - p^2 = p(1-p) = pq$ であるので，Y は近似的に $Y \sim \mathcal{N}(y|Np, Npq)$ となる．

2.9 前問の場合において $p = 0.28$，$N = 300$ で $P(Y \geq 100)$ を求めればよい．前問より $P(Y \geq 100) = \int_{100}^{\infty} \mathcal{N}(y|Np, Np(1-p))dy$ を計算する．このため，Y を標準化して標準正規分布に直す．$(100 - Np) / \sqrt{Np(1-p)} = 2.06$ であるので $P(Z \geq 2.06) = \int_{2.06}^{\infty} \mathcal{N}(z|0,1)dz$ を正規分布表より求めれば，$P(Z \geq 2.06) \approx 0.02$ を得る．

第 3 章

3.1 $\widehat{\varphi}$ を次のように変形する．

$$\begin{aligned}\widehat{\varphi} &= \frac{1}{N}\sum_{j=1}^{N}(X_j - \widehat{\theta})^2 = \frac{1}{N}\sum_{j=1}^{N}(X_j - \mu + \mu - \widehat{\theta})^2 \\ &= \frac{1}{N}\sum_{j=1}^{N}\left[(X_j - \mu)^2 + 2(X_j - \mu)(\mu - \widehat{\theta}) + (\mu - \widehat{\theta})^2\right]\end{aligned}$$

ここで，$\widehat{\theta}$ は標本平均 $\widehat{\theta} = \frac{1}{N}\sum_{j=1}^{N} X_j$ である．したがって，

$$E(\widehat{\varphi}) = \frac{1}{N}\sum_{j=1}^{N}\left[E[(X_j - \mu)^2] + 2E[(X_j - \mu)(\mu - \widehat{\theta})] + E[(\mu - \widehat{\theta})^2]\right] \tag{A.64}$$

となる．上式右辺において，

$$E[(X_j - \mu)^2] = \sigma^2 \tag{A.65}$$

$$E[(\mu - \widehat{\theta})^2] = \frac{\sigma^2}{N} \tag{A.66}$$

である．式 (A.64) の右辺第 2 項については

$$\begin{aligned}(X_j - \mu)(\mu - \widehat{\theta}) &= \frac{1}{N}(X_j - \mu)\left(N\mu - (X_1 + \cdots + X_N)\right) \\ &= \frac{1}{N}(X_j - \mu)\left((\mu - X_1) + \cdots + (\mu - X_N)\right)\end{aligned}$$

ここで，

$$E\left[(X_j-\mu)(\mu-X_i)\right]=\begin{cases}0 & (i\neq j)\\ -\sigma^2 & (i=j)\end{cases}$$

であるので，したがって，式 (A.64) の右辺第 2 項において

$$E\left[(X_j-\mu)(\mu-\widehat{\theta})\right]=-\frac{\sigma^2}{N}$$

である．式 (A.64) の右辺にこれらの結果を代入すると

$$E(\widehat{\varphi})=\frac{1}{N}\sum_{j=1}^{N}\left[\sigma^2-2\frac{\sigma^2}{N}+\frac{\sigma^2}{N}\right]=\frac{N-1}{N}\sigma^2$$

を得る．したがって，$\widehat{\varphi}$ は不偏推定量ではない．ただし，上の解析から不偏推定量とするには $\widehat{\varphi}$ を $N/(N-1)$ 倍すればよいこともわかる．すなわち

$$\widetilde{\varphi}=\frac{N}{N-1}\widehat{\varphi}=\frac{1}{N-1}\sum_{j=1}^{N}(X_j-\widehat{\theta})^2$$

で表される不偏分散がノイズの分散の不偏推定量である．

3.2

$$E(\hat{\mu})=E\left(aX_1+bX_2\right)=(a+b)\mu$$

したがって $a+b=1$ が不偏性の条件である．

$$V(\hat{\mu})=(a^2+b^2)\sigma^2$$

$a+b=1$ の制約条件のもとで a^2+b^2 を最小にするのは $a=b=1/2$.

3.3 確率 p を未知数としてこれを最尤法で推定する．尤度は

$$\mathcal{L}(p)=\prod_{j=1}^{n}f(x_j)=\prod_{j=1}^{n}{}_BC_{x_j}p^{x_j}(1-p)^{B-x_j}$$

であり，対数尤度は

$$\log \mathcal{L}(p) = \sum_{j=1}^{n} [x_j \log p + (B - x_j) \log(1-p)] + \mathcal{C}$$
$$= S \log p + (Bn - S) \log(1-p) + \mathcal{C}$$

となる．ここで $S = \sum_{j=1}^{n} x_j$ である．したがって，$\partial \log \mathcal{L}(p)/\partial p = 0$ より p の推定値 $\widehat{p} = S/(Bn)$ を得る．$p = A/\xi$ より ξ の最尤推定値 $\widehat{\xi}$ は $\widehat{\xi} = ABn/S$ となる．

3.4 尤度は

$$\mathcal{L}(m) = \prod_{j=1}^{n} f(x_j) = \prod_{j=1}^{n} e^{-m} \frac{m^{x_j}}{x_j!}$$

対数尤度は

$$\log \mathcal{L}(m) = -nm + \log m \sum_{j=1}^{n} x_j + \mathcal{C}$$

したがって，$\partial \log \mathcal{L}(p)/\partial m = 0$ より最尤推定値 $\widehat{m} = (1/n) \sum_{j=1}^{n} x_j$ を得る．

3.5 尤度は

$$\mathcal{L}(\mu_1, \mu_2, \varphi) = \prod_{j=1}^{N} \frac{1}{\sqrt{2\pi\varphi}} e^{-\frac{(x_j-\mu_1)^2}{2\varphi}} \prod_{j=1}^{M} \frac{1}{\sqrt{2\pi\varphi}} e^{-\frac{(y_j-\mu_2)^2}{2\varphi}}$$

対数尤度は

$$\log \mathcal{L}(\mu_1, \mu_2, \varphi)$$
$$= -\sum_{j=1}^{N} \frac{(x_j - \mu_1)^2}{2\varphi} - \frac{N}{2} \log \varphi - \sum_{j=1}^{M} \frac{(y_j - \mu_2)^2}{2\varphi} - \frac{M}{2} \log \varphi$$

である．したがって，

- $\partial \log \mathcal{L}(\mu_1, \mu_2, \varphi)/(\partial \mu_1) = 0$ より $\widehat{\mu}_1 = \left(\sum_{j=1}^{N} x_j\right)/N$ を得る．
- $\partial \log \mathcal{L}(\mu_1, \mu_2, \varphi)/(\partial \mu_2) = 0$ より $\widehat{\mu}_2 = \left(\sum_{j=1}^{M} y_j\right)/M$ を得る．
- 分散の最尤推定解 $\widehat{\varphi}$ は $\partial \log \mathcal{L}(\mu_1, \mu_2, \varphi)/(\partial \varphi) = 0$ より以下となる．

$$\widehat{\varphi}=\left(\sum_{j=1}^{N}(x_j-\widehat{\mu}_1)^2+\sum_{j=1}^{M}(y_j-\widehat{\mu}_2)^2\right)/(N+M)$$

第 4 章

4.1

$$\begin{aligned}\boldsymbol{\Sigma}_x&=E\left[(\boldsymbol{H}^T\boldsymbol{H})^{-1}\boldsymbol{H}^T\boldsymbol{\varepsilon}\left((\boldsymbol{H}^T\boldsymbol{H})^{-1}\boldsymbol{H}^T\boldsymbol{\varepsilon}\right)^T\right]\\&=E\left[(\boldsymbol{H}^T\boldsymbol{H})^{-1}\boldsymbol{H}^T\boldsymbol{\varepsilon}\boldsymbol{\varepsilon}^T\boldsymbol{H}(\boldsymbol{H}^T\boldsymbol{H})^{-1}\right]\\&=(\boldsymbol{H}^T\boldsymbol{H})^{-1}\boldsymbol{H}^TE(\boldsymbol{\varepsilon}\boldsymbol{\varepsilon}^T)\boldsymbol{H}(\boldsymbol{H}^T\boldsymbol{H})^{-1}\end{aligned}$$

ここで，$E(\boldsymbol{\varepsilon}\boldsymbol{\varepsilon}^T)=\sigma^2\boldsymbol{I}$ を代入して，

$$\begin{aligned}\boldsymbol{\Sigma}_x&=(\boldsymbol{H}^T\boldsymbol{H})^{-1}\boldsymbol{H}^T\sigma^2\boldsymbol{I}\boldsymbol{H}(\boldsymbol{H}^T\boldsymbol{H})^{-1}\\&=\sigma^2(\boldsymbol{H}^T\boldsymbol{H})^{-1}\boldsymbol{H}^T\boldsymbol{H}(\boldsymbol{H}^T\boldsymbol{H})^{-1}=\sigma^2(\boldsymbol{H}^T\boldsymbol{H})^{-1}\end{aligned}$$

4.2 式 (4.25) の最終行の第 2 項に $\boldsymbol{y}=\boldsymbol{H}\boldsymbol{x}+\boldsymbol{\varepsilon}$ と $\widehat{\boldsymbol{x}}-\boldsymbol{x}=(\boldsymbol{H}^T\boldsymbol{H})^{-1}\boldsymbol{H}^T\boldsymbol{\varepsilon}$ を代入すれば，

$$\begin{aligned}&E\left[\boldsymbol{B}^T\boldsymbol{y}(\widehat{\boldsymbol{x}}-\boldsymbol{x})^T\right]=E\left[\boldsymbol{B}^T(\boldsymbol{H}\boldsymbol{x}+\boldsymbol{\varepsilon})\left((\boldsymbol{H}^T\boldsymbol{H})^{-1}\boldsymbol{H}^T\boldsymbol{\varepsilon}\right)^T\right]\\&=\boldsymbol{B}^T\boldsymbol{H}\boldsymbol{x}E(\boldsymbol{\varepsilon}^T)\boldsymbol{H}(\boldsymbol{H}^T\boldsymbol{H})^{-1}+E\left[\boldsymbol{B}^T\boldsymbol{\varepsilon}\boldsymbol{\varepsilon}^T\boldsymbol{H}(\boldsymbol{H}^T\boldsymbol{H})^{-1}\right]\\&=\boldsymbol{B}^TE\left[\boldsymbol{\varepsilon}\boldsymbol{\varepsilon}^T\right]\boldsymbol{H}(\boldsymbol{H}^T\boldsymbol{H})^{-1}=\sigma^2\boldsymbol{B}^T\boldsymbol{H}(\boldsymbol{H}^T\boldsymbol{H})^{-1}\end{aligned}$$

4.3 $\boldsymbol{P}=\boldsymbol{H}(\boldsymbol{H}^T\boldsymbol{H})^{-1}\boldsymbol{H}^T$ を用いれば，

$$\boldsymbol{P}^T=\left[\boldsymbol{H}(\boldsymbol{H}^T\boldsymbol{H})^{-1}\boldsymbol{H}^T\right]^T=\boldsymbol{H}(\boldsymbol{H}^T\boldsymbol{H})^{-1}\boldsymbol{H}^T=\boldsymbol{P}$$

および

$$\begin{aligned}\boldsymbol{P}^2&=\boldsymbol{H}(\boldsymbol{H}^T\boldsymbol{H})^{-1}\boldsymbol{H}^T\boldsymbol{H}(\boldsymbol{H}^T\boldsymbol{H})^{-1}\boldsymbol{H}^T\\&=\boldsymbol{H}(\boldsymbol{H}^T\boldsymbol{H})^{-1}\boldsymbol{H}^T=\boldsymbol{P}\end{aligned}$$

4.4 任意の確率変数ベクトル $\boldsymbol{x}$，任意の定数行列 $\boldsymbol{A}$ に対して $(\boldsymbol{x}-\boldsymbol{\mu})^T\boldsymbol{A}(\boldsymbol{x}-\boldsymbol{\mu})$ を考える．ただし $E(\boldsymbol{x})=\boldsymbol{\mu}$ である．まず，

$$(\boldsymbol{x}-\boldsymbol{\mu})^T\boldsymbol{A}(\boldsymbol{x}-\boldsymbol{\mu}) = \boldsymbol{x}^T\boldsymbol{A}\boldsymbol{x} - \boldsymbol{x}^T\boldsymbol{A}\boldsymbol{\mu} - \boldsymbol{\mu}^T\boldsymbol{A}\boldsymbol{x} + \boldsymbol{\mu}^T\boldsymbol{A}\boldsymbol{\mu}$$

であるので，

$$\begin{aligned} &E\left[(\boldsymbol{x}-\boldsymbol{\mu})^T\boldsymbol{A}(\boldsymbol{x}-\boldsymbol{\mu})\right] \\ &= E(\boldsymbol{x}^T\boldsymbol{A}\boldsymbol{x}) - E(\boldsymbol{x}^T)\boldsymbol{A}\boldsymbol{\mu} - \boldsymbol{\mu}^T\boldsymbol{A}E(\boldsymbol{x}) + \boldsymbol{\mu}^T\boldsymbol{A}\boldsymbol{\mu} \\ &= E(\boldsymbol{x}^T\boldsymbol{A}\boldsymbol{x}) - \boldsymbol{\mu}^T\boldsymbol{A}\boldsymbol{\mu} \end{aligned}$$

を得る．一方，式 (A.11) より

$$(\boldsymbol{x}-\boldsymbol{\mu})^T\boldsymbol{A}(\boldsymbol{x}-\boldsymbol{\mu}) = \mathrm{tr}\left[\boldsymbol{A}(\boldsymbol{x}-\boldsymbol{\mu})(\boldsymbol{x}-\boldsymbol{\mu})^T\right]$$

が成り立つので，

$$\begin{aligned} E\left[(\boldsymbol{x}-\boldsymbol{\mu})^T\boldsymbol{A}(\boldsymbol{x}-\boldsymbol{\mu})\right] &= \mathrm{tr}\left[\boldsymbol{A}E\left[(\boldsymbol{x}-\boldsymbol{\mu})(\boldsymbol{x}-\boldsymbol{\mu})^T\right]\right] \\ &= \mathrm{tr}\left[\boldsymbol{A}\boldsymbol{\Sigma}_x\right] \end{aligned}$$

を得る．ここで $\boldsymbol{\Sigma}_x$ は確率変数ベクトル $\boldsymbol{x}$ に対する共分散行列である．したがって，

$$E(\boldsymbol{x}^T\boldsymbol{A}\boldsymbol{x}) = \mathrm{tr}\left[\boldsymbol{A}\boldsymbol{\Sigma}_x\right] + \boldsymbol{\mu}^T\boldsymbol{A}\boldsymbol{\mu}$$

が成り立つ．式 (4.34) を示すには，上式で $\boldsymbol{x} \to \boldsymbol{y}$，$\boldsymbol{A} \to \boldsymbol{I} - \boldsymbol{P}$ とすれば以下を得る．

$$\begin{aligned} E\left(\|\boldsymbol{e}\|^2\right) &= E\left[\boldsymbol{y}^T(\boldsymbol{I}-\boldsymbol{P})\boldsymbol{y}\right] \\ &= E(\boldsymbol{y}^T)(\boldsymbol{I}-\boldsymbol{P})E(\boldsymbol{y}) + \mathrm{tr}\left[(\boldsymbol{I}-\boldsymbol{P})\sigma^2\boldsymbol{I}\right] \end{aligned}$$

4.5 最小二乗のコスト関数は $\mathcal{F} = \sum_{j=1}^{M}(y_j - (\beta t_j + \alpha))^2$ と表される．したがって，

$$\boldsymbol{H} = \begin{bmatrix} 1 & t_1 \\ 1 & t_2 \\ \vdots & \vdots \\ 1 & t_M \end{bmatrix}$$

とすれば，$\mathcal{F} = \|\boldsymbol{y} - \boldsymbol{H}\boldsymbol{x}\|^2$ が上のコスト関数と同じになる．また，

$$\boldsymbol{H}^T\boldsymbol{H} = \begin{bmatrix} 1 & 1 & \cdots & 1 \\ t_1 & t_2 & \cdots & t_M \end{bmatrix} \begin{bmatrix} 1 & t_1 \\ 1 & t_2 \\ \vdots & \vdots \\ 1 & t_M \end{bmatrix} = \begin{bmatrix} M & \sum_{j=1}^M t_j \\ \sum_{j=1}^M t_j & \sum_{j=1}^M t_j^2 \end{bmatrix}$$

であり，

$$\boldsymbol{H}^T\boldsymbol{y} = \begin{bmatrix} 1 & 1 & \cdots & 1 \\ t_1 & t_2 & \cdots & t_M \end{bmatrix} \begin{bmatrix} y_1 \\ y_2 \\ \vdots \\ y_M \end{bmatrix} = \begin{bmatrix} \sum_{j=1}^M y_j \\ \sum_{j=1}^M t_j y_j \end{bmatrix}$$

であるので，

$$\begin{bmatrix} \widehat{\alpha} \\ \widehat{\beta} \end{bmatrix} = \begin{bmatrix} M & \sum_{j=1}^M t_j \\ \sum_{j=1}^M t_j & \sum_{j=1}^M t_j^2 \end{bmatrix}^{-1} \begin{bmatrix} \sum_{j=1}^M y_j \\ \sum_{j=1}^M t_j y_j \end{bmatrix}$$

から $\widehat{\alpha}$ と $\widehat{\beta}$ を求めることができる．

4.6 式 (4.30) より $\boldsymbol{e} = (\boldsymbol{I} - \boldsymbol{P})\boldsymbol{y}$ であり，また $\boldsymbol{e} - E(\boldsymbol{e}) = (\boldsymbol{I} - \boldsymbol{P})\boldsymbol{\varepsilon}$ である．したがって，

$$\begin{aligned} \boldsymbol{\Sigma}_e &= E\left[[\mathbf{e} - E(\mathbf{e})]\,[\mathbf{e} - E(\mathbf{e})]^T\right] = E\left[[(\boldsymbol{I} - \boldsymbol{P})\boldsymbol{\varepsilon}]\,[(\boldsymbol{I} - \boldsymbol{P})\boldsymbol{\varepsilon}]^T\right] \\ &= [(\boldsymbol{I} - \boldsymbol{P})]\,E(\boldsymbol{\varepsilon}\boldsymbol{\varepsilon}^T)\,[(\boldsymbol{I} - \boldsymbol{P})]^T \\ &= \sigma^2(\boldsymbol{I} - \boldsymbol{P})(\boldsymbol{I} - \boldsymbol{P})^T = \sigma^2(\boldsymbol{I} - \boldsymbol{P}) \end{aligned}$$

4.7 まず，$\widehat{\boldsymbol{y}} = \boldsymbol{H}\widehat{\boldsymbol{x}} = \boldsymbol{H}\left(\boldsymbol{H}^T\boldsymbol{H}\right)^{-1}\boldsymbol{H}^T\boldsymbol{y} = \boldsymbol{P}\boldsymbol{y}$ である．したがって，

$$\begin{aligned} \widehat{\boldsymbol{y}} \text{ と } \boldsymbol{e} \text{ の共分散} &= E\left[\boldsymbol{P}\boldsymbol{\varepsilon}\left((\boldsymbol{I} - \boldsymbol{P})\boldsymbol{\varepsilon}\right)^T\right] \\ &= \boldsymbol{P}E(\boldsymbol{\varepsilon}\boldsymbol{\varepsilon}^T)(\boldsymbol{I} - \boldsymbol{P})^T = \sigma^2\boldsymbol{P}(\boldsymbol{I} - \boldsymbol{P}) = \boldsymbol{0} \end{aligned}$$

第 5 章

5.1

$$\boldsymbol{H} = \sum_{j=1}^{N} \gamma_j \boldsymbol{u}_j \boldsymbol{v}_j^T$$

と

$$\left(\boldsymbol{H}^T\boldsymbol{H}\right)^{-1} = \sum_{j=1}^{N} \frac{1}{\gamma_j^2}\boldsymbol{v}_j\boldsymbol{v}_j^T$$

を式 (5.14) の左辺に代入すれば,

$$\left(\boldsymbol{H}^T\boldsymbol{H}\right)^{-1}\boldsymbol{H}^T = \sum_{j=1}^{N} \frac{1}{\gamma_j^2}\boldsymbol{v}_j\boldsymbol{v}_j^T \left[\sum_{i=1}^{N}\gamma_i\boldsymbol{u}_i\boldsymbol{v}_i^T\right]^T$$
$$= \sum_{j=1}^{N} \frac{1}{\gamma_j^2}\sum_{i=1}^{N}\gamma_i\boldsymbol{v}_j\boldsymbol{v}_j^T\boldsymbol{v}_i\boldsymbol{u}_i^T = \sum_{j=1}^{N} \frac{1}{\gamma_j^2}\sum_{i=1}^{N}\gamma_i\boldsymbol{v}_j I_{j,i}\boldsymbol{u}_i^T$$
$$= \sum_{j=1}^{N} \frac{1}{\gamma_j}\boldsymbol{v}_j\boldsymbol{u}_j^T$$

となる．ここで，$\boldsymbol{v}_j^T\boldsymbol{v}_i = I_{j,i}$ なる関係式を用いた．$I_{i,j}$ は単位行列の (i,j) 要素である．

5.2 $\boldsymbol{u}_j^T\boldsymbol{u}_k = I_{j,k}$ なる関係式を用いると

$$\sum_{j=1}^{N} \frac{1}{\gamma_j}\boldsymbol{v}_j\boldsymbol{u}_j^T \left[\sum_{k=1}^{N}\gamma_k\boldsymbol{u}_k\boldsymbol{v}_k^T\right] = \sum_{j=1}^{N} \frac{1}{\gamma_j}\sum_{k=1}^{N}\gamma_k\boldsymbol{v}_j\boldsymbol{u}_j^T\boldsymbol{u}_k\boldsymbol{v}_k^T$$
$$= \sum_{j=1}^{N} \frac{1}{\gamma_j}\sum_{k=1}^{N}\gamma_k\boldsymbol{v}_j I_{j,k}\boldsymbol{v}_k^T = \sum_{j=1}^{N}\boldsymbol{v}_j\boldsymbol{v}_j^T = \boldsymbol{I}$$

となり，式 (5.16) が成立する．

5.3 前問，前々問と同じである．ここでも $\boldsymbol{u}_j^T\boldsymbol{u}_k = I_{j,k}$ なる関係式を用いる．

$$\boldsymbol{G}_n = \boldsymbol{H}^+(\boldsymbol{H}^+)^T = \left[\sum_{j=1}^{r} \frac{1}{\gamma_j}\boldsymbol{v}_j\boldsymbol{u}_j^T\right]\left[\sum_{k=1}^{r} \frac{1}{\gamma_k}\boldsymbol{v}_k\boldsymbol{u}_k^T\right]^T$$
$$= \sum_{j=1}^{r} \frac{1}{\gamma_j}\sum_{k=1}^{r}\frac{1}{\gamma_k}\boldsymbol{v}_j\boldsymbol{u}_j^T\boldsymbol{u}_k\boldsymbol{v}_k^T = \sum_{j=1}^{r} \frac{1}{\gamma_j}\sum_{k=1}^{r}\frac{1}{\gamma_k}\boldsymbol{v}_j I_{j,k}\boldsymbol{v}_k^T$$
$$= \sum_{j=1}^{r} \frac{1}{\gamma_j^2}\boldsymbol{v}_j\boldsymbol{v}_j^T$$

5.4 式 (5.17) の右辺第 2 項の共分散行列を計算すると，

$$E\left[\sum_{j=1}^{N}\frac{\boldsymbol{u}_j^T\boldsymbol{\varepsilon}}{\gamma_j}\boldsymbol{v}_j\left[\sum_{k=1}^{N}\frac{\boldsymbol{u}_k^T\boldsymbol{\varepsilon}}{\gamma_k}\boldsymbol{v}_k\right]^T\right]=\sum_{j=1}^{N}\sum_{k=1}^{N}\frac{\boldsymbol{u}_j^T E(\boldsymbol{\varepsilon}\boldsymbol{\varepsilon}^T)\boldsymbol{u}_k}{\gamma_j\gamma_k}\boldsymbol{v}_j\boldsymbol{v}_k^T$$
$$=\sigma^2\sum_{j=1}^{N}\frac{1}{\gamma_j^2}\boldsymbol{v}_j\boldsymbol{v}_j^T$$

となる．ここで $E(\boldsymbol{\varepsilon}\boldsymbol{\varepsilon}^T)=\sigma^2\boldsymbol{I}$ および $\boldsymbol{u}_j^T\boldsymbol{u}_k=I_{j,k}$ を用いた．したがって，式 (5.17) の右辺第 2 項の共分散行列は式 (5.18) に示すノイズゲイン $\boldsymbol{G}_n$ に σ^2 を乗じたものとして表すことができ，両者は等しいことが示された．

5.5 コスト関数を展開すると，

$$\mathcal{F}=\|\boldsymbol{y}-\boldsymbol{H}\boldsymbol{x}\|^2+\xi\|\boldsymbol{x}\|^2$$
$$=\boldsymbol{y}^T\boldsymbol{y}-\boldsymbol{x}^T\boldsymbol{H}^T\boldsymbol{y}-\boldsymbol{y}^T\boldsymbol{H}\boldsymbol{x}+\boldsymbol{x}^T\boldsymbol{H}^T\boldsymbol{H}\boldsymbol{x}+\xi\boldsymbol{x}^T\boldsymbol{x}$$

となる．式 (4.11)-(4.13) と

$$\frac{\partial}{\partial\boldsymbol{x}}\boldsymbol{x}^T\boldsymbol{x}=2\boldsymbol{x}$$

を用いて $\mathcal{F}$ を $\boldsymbol{x}$ で微分してゼロとおくと

$$\frac{\partial\mathcal{F}}{\partial\boldsymbol{x}}=-2\boldsymbol{H}^T\boldsymbol{y}+2\left(\boldsymbol{H}^T\boldsymbol{H}+\xi I\right)\boldsymbol{x}=\boldsymbol{0}$$

を得ることができ，したがって，コスト関数を最小とする最適推定解 $\widehat{\boldsymbol{x}}$ として

$$\widehat{\boldsymbol{x}}=\left(\boldsymbol{H}^T\boldsymbol{H}+\xi\boldsymbol{I}\right)^{-1}\boldsymbol{H}^T\boldsymbol{y}$$

を得る．

5.6 まず

$$\boldsymbol{H}^T\boldsymbol{H}+\xi\boldsymbol{I}=\sum_{j=1}^{N}(\gamma_j^2+\xi)\boldsymbol{v}_j\boldsymbol{v}_j^T \quad \text{および} \quad \boldsymbol{H}^T=\sum_{k=1}^{N}\gamma_k\boldsymbol{v}_k\boldsymbol{u}_k^T$$

を式 (5.29) に代入し，式 (5.30) における変形を順を追って示すと以下を得る．

$$\begin{aligned}
\widehat{\boldsymbol{x}} &= \sum_{j=1}^{N} \frac{1}{\gamma_j^2+\xi} \boldsymbol{v}_j \boldsymbol{v}_j^T \sum_{k=1}^{N} \gamma_k \boldsymbol{v}_k \boldsymbol{u}_k^T (\boldsymbol{H}\boldsymbol{x}+\boldsymbol{\varepsilon}) \\
&= \sum_{j=1}^{N} \frac{\gamma_j}{\gamma_j^2+\xi} \boldsymbol{v}_j \boldsymbol{u}_j^T (\boldsymbol{H}\boldsymbol{x}+\boldsymbol{\varepsilon}) \\
&= \left[\sum_{j=1}^{N} \frac{\gamma_j}{\gamma_j^2+\xi} \boldsymbol{v}_j \boldsymbol{u}_j^T \sum_{k=1}^{N} \gamma_k \boldsymbol{u}_k \boldsymbol{v}_k^T\right] \boldsymbol{x} + \left[\sum_{j=1}^{N} \frac{\gamma_j}{\gamma_j^2+\xi} \boldsymbol{v}_j \boldsymbol{u}_j^T\right] \boldsymbol{\varepsilon} \\
&= \left[\sum_{j=1}^{N} \frac{\gamma_j^2}{\gamma_j^2+\xi} \boldsymbol{v}_j \boldsymbol{v}_j^T\right] \boldsymbol{x} + \sum_{j=1}^{N} \frac{\gamma_j}{\gamma_j^2+\xi} (\boldsymbol{u}_j^T \boldsymbol{\varepsilon}) \boldsymbol{v}_j
\end{aligned}$$

5.7

$$\begin{aligned}
&\boldsymbol{\Sigma}^{1/2}\boldsymbol{\Sigma}^{1/2} \\
&= \boldsymbol{U} \begin{bmatrix} \sqrt{\xi_1} & \cdots & 0 \\ \vdots & \ddots & \vdots \\ 0 & \cdots & \sqrt{\xi_M} \end{bmatrix} \boldsymbol{U}^T \boldsymbol{U} \begin{bmatrix} \sqrt{\xi_1} & \cdots & 0 \\ \vdots & \ddots & \vdots \\ 0 & \cdots & \sqrt{\xi_M} \end{bmatrix} \boldsymbol{U}^T \\
&= \boldsymbol{U} \begin{bmatrix} \sqrt{\xi_1} & \cdots & 0 \\ \vdots & \ddots & \vdots \\ 0 & \cdots & \sqrt{\xi_M} \end{bmatrix} \begin{bmatrix} \sqrt{\xi_1} & \cdots & 0 \\ \vdots & \ddots & \vdots \\ 0 & \cdots & \sqrt{\xi_M} \end{bmatrix} \boldsymbol{U}^T \\
&= \boldsymbol{U} \begin{bmatrix} \xi_1 & \cdots & 0 \\ \vdots & \ddots & \vdots \\ 0 & \cdots & \xi_M \end{bmatrix} \boldsymbol{U}^T = \boldsymbol{\Sigma}
\end{aligned}$$

5.8 式 (5.39) を

$$\widehat{\boldsymbol{x}} = \left(\bar{\boldsymbol{H}}^T \bar{\boldsymbol{H}}\right)^{-1} \bar{\boldsymbol{H}}^T \bar{\boldsymbol{y}}$$

に代入すれば,

$$\begin{aligned}
\widehat{\boldsymbol{x}} &= \left((\boldsymbol{\Sigma}^{-1/2}\boldsymbol{H})^T \boldsymbol{\Sigma}^{-1/2}\boldsymbol{H}\right)^{-1} (\boldsymbol{\Sigma}^{-1/2}\boldsymbol{H})^T \boldsymbol{\Sigma}^{-1/2}\boldsymbol{y} \\
&= \left(\boldsymbol{H}^T \boldsymbol{\Sigma}^{-1/2}\boldsymbol{\Sigma}^{-1/2}\boldsymbol{H}\right)^{-1} \boldsymbol{H}^T \boldsymbol{\Sigma}^{-1/2}\boldsymbol{\Sigma}^{-1/2}\boldsymbol{y} \\
&= \left(\boldsymbol{H}^T \boldsymbol{\Sigma}^{-1}\boldsymbol{H}\right)^{-1} \boldsymbol{H}^T \boldsymbol{\Sigma}^{-1}\boldsymbol{y}
\end{aligned}$$

を得る．

5.9 ラグランジアン $\mathbb{L}(\boldsymbol{x}, \boldsymbol{c})$ を次のように定義する．

$$\mathbb{L}(\boldsymbol{x}, \boldsymbol{c}) = \boldsymbol{x}^T \boldsymbol{W} \boldsymbol{x} + \boldsymbol{c}^T (\boldsymbol{y} - \boldsymbol{H}\boldsymbol{x})$$

$\boldsymbol{x}$ で偏微分してゼロとおくと，

$$\frac{\partial \mathbb{L}(\boldsymbol{x}, \boldsymbol{c})}{\partial \boldsymbol{x}} = 2\boldsymbol{W}\boldsymbol{x} - \boldsymbol{H}^T \boldsymbol{c} = \boldsymbol{0} \tag{A.67}$$

となる．ラグランジェ定数で偏微分してゼロとおくと，

$$\frac{\partial \mathbb{L}(\boldsymbol{x}, \boldsymbol{c})}{\partial \boldsymbol{c}} = \boldsymbol{y} - \boldsymbol{H}\boldsymbol{x} = \boldsymbol{0} \tag{A.68}$$

を得る．ここで式 (A.67) より

$$\boldsymbol{x} = \frac{1}{2} \boldsymbol{W}^{-1} \boldsymbol{H}^T \boldsymbol{c} \tag{A.69}$$

となり，この式を式 (A.68) に代入すると，

$$\boldsymbol{c} = 2 \left(\boldsymbol{H} \boldsymbol{W}^{-1} \boldsymbol{H}^T \right)^{-1} \boldsymbol{y}$$

を得るので，これを再び式 (A.69) に代入することにより，$\widehat{\boldsymbol{x}}$ は

$$\widehat{\boldsymbol{x}} = \boldsymbol{W}^{-1} \boldsymbol{H}^T \left(\boldsymbol{H} \boldsymbol{W}^{-1} \boldsymbol{H}^T \right)^{-1} \boldsymbol{y}$$

と求まる．

5.10 あるベクトル $\boldsymbol{u}$ が $\boldsymbol{H}\boldsymbol{u} = \boldsymbol{0}$ であれば $\boldsymbol{H}^T \boldsymbol{H} \boldsymbol{u} = \boldsymbol{H}^T \boldsymbol{0} = \boldsymbol{0}$ である．また $\boldsymbol{H}^T \boldsymbol{H} \boldsymbol{u} = \boldsymbol{0}$ であれば $\boldsymbol{u}^T \boldsymbol{H}^T \boldsymbol{H} \boldsymbol{u} = \boldsymbol{u}^T \boldsymbol{0} = \boldsymbol{0}$ であるので $\boldsymbol{u}^T \boldsymbol{H}^T \boldsymbol{H} \boldsymbol{u} = \|\boldsymbol{H}\boldsymbol{u}\|^2 = 0$ つまり $\boldsymbol{H}\boldsymbol{u} = \boldsymbol{0}$ となる．すなわち $\boldsymbol{H}^T \boldsymbol{H}$ と $\boldsymbol{H}$ は同じ零空間を持つ．

5.11 $\boldsymbol{H}$ が $M \times N$ の行列 $(M \geq N)$ として，式 (4.15) が解を持つのは (すなわち，行列 $\boldsymbol{H}^T \boldsymbol{H}$ に逆行列が存在するのは)$N \times N$ の行列 $\boldsymbol{H}^T \boldsymbol{H}$ がフルランクつまりランク N の場合のみである．前問の結果から，このとき $\boldsymbol{H}^T \boldsymbol{H}$ は零空間を持たないので $\boldsymbol{H}$ も零空間を持たない．つまり $\boldsymbol{H}$ のランクも N である．つまり $\boldsymbol{H}$ の列ベクトルが線形独立の場合である．

第 6 章

6.1

$$\boldsymbol{R}_y = E\left[\boldsymbol{y}\boldsymbol{y}^T\right] = E\left[(\boldsymbol{H}\boldsymbol{x}+\boldsymbol{\varepsilon})(\boldsymbol{H}\boldsymbol{x}+\boldsymbol{\varepsilon})^T\right]$$
$$= \boldsymbol{H}E\left[\boldsymbol{x}\boldsymbol{x}^T\right]\boldsymbol{H}^T + E(\boldsymbol{\varepsilon}\boldsymbol{\varepsilon}^T) = \boldsymbol{H}\boldsymbol{R}_s\boldsymbol{H}^T + \sigma^2\boldsymbol{I}$$

6.2 信号部分空間 $\mathcal{E}_S$ は Q 個の線形独立な列ベクトル $\boldsymbol{h}(\boldsymbol{\theta}_j)$，$j=1,\ldots,Q$ によって張られる空間であり Q 次元である．したがって，これら列ベクトルに線形独立なベクトル，例えば信号源位置以外のアレイ応答ベクトル $\boldsymbol{h}(\boldsymbol{\theta})$ はノイズ部分空間に存在する．式 (6.33) における $\boldsymbol{\beta}_1,\ldots,\boldsymbol{\beta}_{M-Q}$ はノイズ部分空間の基底ベクトルであるから信号源位置以外のアレイ応答ベクトル $\boldsymbol{h}(\boldsymbol{\theta})$ は

$$\boldsymbol{h}(\boldsymbol{\theta}) \in span\{\boldsymbol{\beta}_1,\ldots,\boldsymbol{\beta}_{M-Q}\}$$

であるので，$\boldsymbol{h}(\boldsymbol{\theta})$ は $\boldsymbol{\beta}_1,\ldots,\boldsymbol{\beta}_{M-Q}$ に対して線形従属であり，したがって式 (6.33) が成立する．

第 7 章

7.1 条件付き確率の定義より

$$P(A|B,C) = \frac{P(A,B,C)}{P(B,C)}$$

である．一方，

$$P(A,B|C) = \frac{P(A,B,C)}{P(C)}$$
$$P(B|C) = \frac{P(B,C)}{P(C)}$$

であるので，

$$\frac{P(A,B|C)}{P(B|C)} = \frac{P(A,B,C)}{P(C)}\frac{P(C)}{P(B,C)} = \frac{P(A,B,C)}{P(B,C)} = P(A|B,C)$$

7.2 MMSE 推定値 $\widehat{\boldsymbol{x}}$ は確率変数 $\boldsymbol{y}$ を陰に含むため $\widehat{\boldsymbol{x}}(\boldsymbol{y})$ と表記すると，

$$
\begin{aligned}
E(\widehat{\boldsymbol{x}}) &= \int \widehat{\boldsymbol{x}}(\boldsymbol{y}) f(\boldsymbol{y}) d\boldsymbol{y} = \int \left[\int \boldsymbol{x} f(\boldsymbol{x}|\boldsymbol{y}) d\boldsymbol{x} \right] f(\boldsymbol{y}) d\boldsymbol{y} \\
&= \iint \boldsymbol{x} f(\boldsymbol{x}, \boldsymbol{y}) d\boldsymbol{x} d\boldsymbol{y} = \int \boldsymbol{x} f(\boldsymbol{x}) d\boldsymbol{x} = E(\boldsymbol{x})
\end{aligned}
$$

したがって $\widehat{\boldsymbol{x}}$ は $E(\boldsymbol{x})$ の不偏推定量である．

7.3 $P(A|B) = P(A,B)/P(B) > P(A)$ より $P(A,B) > P(A)P(B)$ である．したがって $P(B|A) = P(A,B)/P(A) > P(A)P(B)/P(A) = P(B)$ となる．

7.4 この検査で陽性である事象を A，がんに罹患している事象を C として，C の補事象を $\bar{C}$ で表す．すると $P(A|C) = 0.99$，$P(A|\bar{C}) = 0.005$，$P(C) = 0.001$，$P(\bar{C}) = 0.999$ である．ベイズの定理より

$$
P(C|A) = \frac{P(A|C)P(C)}{P(A|C)P(C) + P(A|\bar{C})P(\bar{C})} = 0.165
$$

を得る．

第 8 章

8.1 $\bar{y}$ を算術平均，$\bar{y} = (1/M)\sum_{j=1}^{M} y_j$ として

$$
\sum_{j=1}^{M} (y_j - \mu)^2 = \sum_{j=1}^{M} (y_j - \bar{y})^2 + M(\bar{y} - \mu)^2 \tag{A.70}
$$

なる関係を用いると，上式を式 (8.19) に代入して，

$$
\begin{aligned}
& f(\mu|y_1, y_2, \ldots, y_M) \\
& \propto \exp\left[-\frac{1}{2\sigma^2} \sum_{j=1}^{M} (y_j - \bar{y})^2 - \frac{1}{2(\sigma^2/M)} (\bar{y} - \mu)^2 \right] \exp\left[-\frac{1}{2\sigma_0^2} (\mu - \mu_0)^2 \right] \\
& \propto \exp\left[-\frac{1}{2(\sigma^2/M)} (\bar{y} - \mu)^2 \right] \exp\left[-\frac{1}{2\sigma_0^2} (\mu - \mu_0)^2 \right]
\end{aligned} \tag{A.71}
$$

を得る．ここで，右辺の最初の項 $\exp\left[-\frac{1}{2\sigma^2} \sum_{j=1}^{M} (y_j - \bar{y})^2 \right]$ は μ を含まないため省略した．式 (A.71) は式 (8.7) と同じ構造を持っているので，式 (8.21)，(8.22) を得る．

8.2 式 (A.34) において $\boldsymbol{A} \leftarrow \boldsymbol{\nu} + \boldsymbol{H}^T \boldsymbol{\Lambda} \boldsymbol{H}$，$\boldsymbol{B} \leftarrow -\boldsymbol{H}^T \boldsymbol{\Lambda}$，$\boldsymbol{C} \leftarrow -\boldsymbol{\Lambda} \boldsymbol{H}$，$\boldsymbol{D} \leftarrow \boldsymbol{\Lambda}$ を代入すれば，

$$\begin{aligned}\boldsymbol{M} &= (\boldsymbol{A} - \boldsymbol{B}\boldsymbol{D}^{-1}\boldsymbol{C})^{-1} \\ &= \left(\boldsymbol{\nu} + \boldsymbol{H}^T\boldsymbol{\Lambda}\boldsymbol{H} - (-\boldsymbol{H}^T\boldsymbol{\Lambda})\boldsymbol{\Lambda}^{-1}(-\boldsymbol{\Lambda}\boldsymbol{H})\right)^{-1} = \boldsymbol{\nu}^{-1}\end{aligned}$$

であり，

$$\begin{aligned}-\boldsymbol{M}\boldsymbol{B}\boldsymbol{D}^{-1} &= -\boldsymbol{\nu}^{-1}(-\boldsymbol{H}^T\boldsymbol{\Lambda})\boldsymbol{\Lambda}^{-1} = \boldsymbol{\nu}^{-1}\boldsymbol{H}^T \\ -\boldsymbol{D}^{-1}\boldsymbol{C}\boldsymbol{M} &= -\boldsymbol{\Lambda}^{-1}(-\boldsymbol{\Lambda}\boldsymbol{H})\boldsymbol{\nu}^{-1} = \boldsymbol{H}\boldsymbol{\nu}^{-1}\end{aligned}$$

また，

$$\begin{aligned}\boldsymbol{D}^{-1} + \boldsymbol{D}^{-1}\boldsymbol{C}\boldsymbol{M}\boldsymbol{B}\boldsymbol{D}^{-1} &= \boldsymbol{\Lambda}^{-1} + \boldsymbol{\Lambda}^{-1}(-\boldsymbol{\Lambda}\boldsymbol{H})\boldsymbol{\nu}^{-1}(-\boldsymbol{H}^T\boldsymbol{\Lambda})\boldsymbol{\Lambda}^{-1} \\ &= \boldsymbol{\Lambda}^{-1} + \boldsymbol{H}\boldsymbol{\nu}^{-1}\boldsymbol{H}^T\end{aligned}$$

であるので，式 (8.52) が示された．

8.3 式 (8.56) の右辺第 1 項において，

$$\begin{aligned}&(\boldsymbol{x} - \boldsymbol{\Omega}_{xx}^{-1}\boldsymbol{m})^T\boldsymbol{\Omega}_{xx}(\boldsymbol{x} - \boldsymbol{\Omega}_{xx}^{-1}\boldsymbol{m}) \\ &= \left[(\boldsymbol{x}^T - \boldsymbol{m}^T\boldsymbol{\Omega}_{xx}^{-1})\boldsymbol{\Omega}_{xx}(\boldsymbol{x} - \boldsymbol{\Omega}_{xx}^{-1}\boldsymbol{m})\right] \\ &= \left[\boldsymbol{x}^T\boldsymbol{\Omega}_{xx}\boldsymbol{x} - 2\boldsymbol{x}^T\boldsymbol{m} + \boldsymbol{m}^T\boldsymbol{\Omega}_{xx}^{-1}\boldsymbol{m}\right]\end{aligned}$$

であるので，式 (8.56) の右辺は

$$\begin{aligned}&-\frac{1}{2}(\boldsymbol{x} - \boldsymbol{\Omega}_{xx}^{-1}\boldsymbol{m})^T\boldsymbol{\Omega}_{xx}(\boldsymbol{x} - \boldsymbol{\Omega}_{xx}^{-1}\boldsymbol{m}) + \frac{1}{2}\boldsymbol{m}^T\boldsymbol{\Omega}_{xx}^{-1}\boldsymbol{m} \\ &= -\frac{1}{2}\boldsymbol{x}^T\boldsymbol{\Omega}_{xx}\boldsymbol{x} + \boldsymbol{x}^T\boldsymbol{m}\end{aligned}$$

となり，式 (8.56) の左辺に等しい．

8.4 式 (8.59) の左辺に式 (8.49) の各値を代入すれば，

$$\boldsymbol{\Omega}_{yy} - \boldsymbol{\Omega}_{yx}\boldsymbol{\Omega}_{xx}^{-1}\boldsymbol{\Omega}_{xy} = \boldsymbol{\Lambda} - \boldsymbol{\Lambda}\boldsymbol{H}(\boldsymbol{\nu} + \boldsymbol{H}^T\boldsymbol{\Lambda}\boldsymbol{H})^{-1}\boldsymbol{H}^T\boldsymbol{\Lambda}$$

であり，逆行列の公式 (A.32) を用いれば，

$$\boldsymbol{\Lambda} - \boldsymbol{\Lambda H}(\boldsymbol{\nu} + \boldsymbol{H}^T \boldsymbol{\Lambda H})^{-1} \boldsymbol{H}^T \boldsymbol{\Lambda} = (\boldsymbol{\Lambda}^{-1} + \boldsymbol{H\nu}^{-1}\boldsymbol{H}^T)^{-1}$$

となる．

8.5 式 (8.57) の右辺第 1 項は

$$\frac{1}{2}[\boldsymbol{\mu}^T \boldsymbol{\Omega}_{xx} - \boldsymbol{y}^T \boldsymbol{\Omega}_{xy}^T + \boldsymbol{\mu}^T \boldsymbol{H}^T \boldsymbol{\Omega}_{xy}^T]\boldsymbol{\Omega}_{xx}^{-1}[\boldsymbol{\Omega}_{xx}\boldsymbol{\mu} - \boldsymbol{\Omega}_{xy}\boldsymbol{y} + \boldsymbol{\Omega}_{xy}\boldsymbol{H\mu})]$$

と変形できる．上式中で $\boldsymbol{y}$ の 1 次の項は

$$-\boldsymbol{y}^T\boldsymbol{\Omega}_{xy}^T\boldsymbol{\Omega}_{xx}^{-1}[\boldsymbol{\Omega}_{xx}\boldsymbol{\mu} + \boldsymbol{\Omega}_{xy}\boldsymbol{H\mu}] = -\boldsymbol{y}^T\boldsymbol{\Omega}_{xy}^T\boldsymbol{\mu} - \boldsymbol{y}^T\boldsymbol{\Omega}_{xy}^T\boldsymbol{\Omega}_{xx}^{-1}\boldsymbol{\Omega}_{xy}\boldsymbol{H\mu}$$

である．一方，式 (8.57) の右辺第 3 項も $\boldsymbol{y}$ の 1 次の項であるので，これを上式に加え，さらに $\boldsymbol{\Omega}_{yx} = \boldsymbol{\Omega}_{xy}^T$ を考慮すると

$$\begin{aligned} &-\boldsymbol{y}^T\boldsymbol{\Omega}_{yx}\boldsymbol{\mu} - \boldsymbol{y}^T\boldsymbol{\Omega}_{yx}\boldsymbol{\Omega}_{xx}^{-1}\boldsymbol{\Omega}_{xy}\boldsymbol{H\mu} + \boldsymbol{y}^T[\boldsymbol{\Omega}_{yy}\boldsymbol{H\mu} + \boldsymbol{\Omega}_{yx}\boldsymbol{\mu}] \\ &= \boldsymbol{y}^T\left(\boldsymbol{\Omega}_{yy} - \boldsymbol{\Omega}_{yx}\boldsymbol{\Omega}_{xx}^{-1}\boldsymbol{\Omega}_{xy}\right)\boldsymbol{H\mu} \end{aligned}$$

を得る．

8.6 事前分布が $f(\mu) = \mathcal{N}(\mu|\bar{\mu}_M, \theta_M)$ であり，

$$\theta_M = \frac{1}{\sigma^2/M} + \frac{1}{\sigma_0^2} \tag{A.72}$$

$$\bar{\mu}_M = \left[\frac{\bar{y}}{\sigma^2/M} + \frac{\mu_0}{\sigma_0^2}\right] \Big/ \left[\frac{1}{\sigma^2/M} + \frac{1}{\sigma_0^2}\right] \tag{A.73}$$

である．さらに $f(y_{M+1}|\mu) = \mathcal{N}(y_{M+1}|\mu, \sigma^2)$ である．事後分布 $f(\mu|y_{M+1}) = \mathcal{N}(\mu|\bar{\mu}_{M+1}, \theta_{M+1})$ はベイズの定理 $f(\mu|y_{M+1}) \propto f(y_{M+1}|\mu)f(\mu)$ から求まる．計算は式 (8.12) を用いると，

$$\theta_{M+1} = \theta_M + \frac{1}{\sigma^2} = \frac{M}{\sigma^2} + \frac{1}{\sigma_0^2} + \frac{1}{\sigma^2} = \frac{M+1}{\sigma^2} + \frac{1}{\sigma_0^2} \tag{A.74}$$

であり，式 (8.13) を用いれば

$$\bar{\mu}_{M+1} = \theta_{M+1}^{-1}\left(\frac{y_{M+1}}{\sigma^2} + \theta_M \bar{\mu}_M\right) = \theta_{M+1}^{-1}\left(\frac{y_{M+1}}{\sigma^2} + \frac{\sum_{j=1}^{M} y_j}{\sigma^2} + \frac{\mu_0}{\sigma_0^2}\right)$$
$$= \left[\frac{(M+1)\bar{y}}{\sigma^2} + \frac{\mu_0}{\sigma_0^2}\right] \Big/ \left[\frac{M+1}{\sigma^2} + \frac{1}{\sigma_0^2}\right] \qquad \text{(A.75)}$$

となる．ただし，上式で $\bar{y} = \sum_{j=1}^{M+1} y_j/(M+1)$ である．式 (A.74) と (A.75) はデータ数がそもそも $M+1$ として式 (A.72) と (A.73) から求めた θ_{M+1} と $\bar{\mu}_{M+1}$ に等しい．

第 9 章

9.1 事前分布を式 (9.12) で仮定し，観測データの確率分布を式 (9.13) で仮定した場合のエビデンスを導く．

$$f(y|\alpha,\beta) = \int f(x,y|\alpha,\beta)dx = \int f(y|x,\beta)f(x|\alpha)dx \qquad \text{(A.76)}$$

に式 (9.12) と (9.13) を代入する．右辺の被積分関数の指数部分は

$$-\frac{\alpha}{2}x^2 - \frac{\beta}{2}(y-x)^2 = -\frac{1}{2}(\alpha+\beta)x^2 + \beta yx - \frac{\beta}{2}y^2$$

と表される．$A = \alpha + \beta$，$B = \beta y$ として上式を平方完成すると，

$$-\frac{1}{2}Ax^2 + Bx - \frac{\beta}{2}y^2 = -\frac{A}{2}\left(x - \frac{B}{A}\right)^2 + \frac{B^2}{2A} - \frac{\beta}{2}y^2$$

となる．上式右辺の第 1 項は積分消去されるため残る項は

$$\frac{B^2}{2A} - \frac{\beta}{2}y^2 = \frac{(\beta y)^2}{2(\alpha+\beta)} - \frac{\beta}{2}y^2 = -\frac{\alpha\beta}{2(\alpha+\beta)}y^2$$

となる．$f(y|\alpha,\beta) = \mathcal{N}(y|\bar{y},\tau^{-1})$ とおくと，

$$\bar{y} = 0, \quad \tau = \frac{\alpha\beta}{\alpha+\beta}$$

を得る．したがって，

$$f(y|\alpha,\beta) = \sqrt{\frac{\tau}{2\pi}}\exp[-\frac{\tau}{2}y^2] = \sqrt{\frac{\alpha\beta}{2\pi(\alpha+\beta)}}\exp[-\frac{\alpha\beta}{2(\alpha+\beta)}y^2]$$

であり，エビデンスは

$$\log f(y|\alpha,\beta) = \frac{1}{2}\log(\alpha\beta) - \frac{1}{2}\log(\alpha+\beta) - \frac{1}{2}\frac{\alpha\beta}{\alpha+\beta}y^2 \tag{A.77}$$

となる．ただし定数は無視した．

9.2 式 (9.3) に式 (9.1) と式 (9.2) を代入し計算を行う．計算は既に第 8.3.3 節で行っている．この節の結果を用いると

$$f(\boldsymbol{y}|\boldsymbol{\nu},\boldsymbol{\Lambda}) = \mathcal{N}(\boldsymbol{y}|\boldsymbol{0},\boldsymbol{\Lambda}^{-1} + \boldsymbol{H}\boldsymbol{\nu}^{-1}\boldsymbol{H}^T)$$

である．したがって，エビデンスは定数を無視して

$$\log f(\boldsymbol{y}|\boldsymbol{\nu},\boldsymbol{\Lambda}) = -\frac{1}{2}\log|\boldsymbol{\Lambda}^{-1} + \boldsymbol{H}\boldsymbol{\nu}^{-1}\boldsymbol{H}^T| \\ -\frac{1}{2}\boldsymbol{y}^T\left(\boldsymbol{\Lambda}^{-1} + \boldsymbol{H}\boldsymbol{\nu}^{-1}\boldsymbol{H}^T\right)^{-1}\boldsymbol{y}$$

となる．上式を用いて，式 (9.4) あるいは式 (9.5) に示す最適化演算から $\boldsymbol{\Lambda}$ や $\boldsymbol{\nu}$ の推定値を求めるのは簡単ではないことは理解されよう．

9.3

$$\frac{\partial}{\partial\beta}\Theta(\alpha,\beta) = \frac{1}{2\beta} - \frac{1}{2}E\left[(y-x)^2\right]$$

であるので，これをゼロとおいて推定値 β を求めると，

$$\widehat{\beta} = E\left[(y-x)^2\right]^{-1}$$

となる．ここで，

$$E\left[(y-x)^2\right] = y^2 - 2E[x]y + E[x^2] \\ = y^2 - 2\bar{x}y + \bar{x}^2 + \gamma^{-1} = (y-\bar{x})^2 + \gamma^{-1}$$

であるので，

$$\widehat{\beta} = \left[(y-\bar{x})^2 + \gamma^{-1}\right]^{-1}$$

を得る．

9.4

$$\widehat{\boldsymbol{\Lambda}}^{-1} = E\left[(\boldsymbol{y} - \boldsymbol{H}\boldsymbol{x})(\boldsymbol{y} - \boldsymbol{H}\boldsymbol{x})^T\right]$$

であるが，

$$
\begin{aligned}
&E\left[(\boldsymbol{y}-\boldsymbol{H}\boldsymbol{x})(\boldsymbol{y}-\boldsymbol{H}\boldsymbol{x})^T\right] \\
&= E\left[\boldsymbol{y}\boldsymbol{y}^T-\boldsymbol{y}(\boldsymbol{H}\boldsymbol{x})^T-\boldsymbol{H}\boldsymbol{x}\boldsymbol{y}^T+\boldsymbol{H}\boldsymbol{x}\boldsymbol{x}^T\boldsymbol{H}^T\right] \\
&= \boldsymbol{y}\boldsymbol{y}^T-\boldsymbol{y}\bar{\boldsymbol{x}}^T\boldsymbol{H}^T-\boldsymbol{H}\bar{\boldsymbol{x}}\boldsymbol{y}^T+\boldsymbol{H}E(\boldsymbol{x}\boldsymbol{x}^T)\boldsymbol{H}^T
\end{aligned}
$$

であり，さらに，

$$
\boldsymbol{H}E(\boldsymbol{x}\boldsymbol{x}^T)\boldsymbol{H}^T=\boldsymbol{H}\bar{\boldsymbol{x}}\bar{\boldsymbol{x}}^T\boldsymbol{H}^T+\boldsymbol{H}\boldsymbol{\Gamma}^{-1}\boldsymbol{H}^T
$$

であるので，

$$
\widehat{\boldsymbol{\Lambda}}^{-1}=(\boldsymbol{y}-\boldsymbol{H}\bar{\boldsymbol{x}})(\boldsymbol{y}-\boldsymbol{H}\bar{\boldsymbol{x}})^T+\boldsymbol{H}\boldsymbol{\Gamma}^{-1}\boldsymbol{H}^T
$$

を得る．

9.5 $\boldsymbol{\Lambda}=\beta\boldsymbol{I}$ および $\boldsymbol{\nu}=\alpha\boldsymbol{I}$ の場合における平均データ尤度は，定数項を無視して，

$$
\begin{aligned}
\Theta(\alpha,\beta) = &\frac{N}{2}\log\alpha-\frac{\alpha}{2}E\left[\boldsymbol{x}^T\boldsymbol{x}\right] \\
&+\frac{M}{2}\log\beta-\frac{\beta}{2}E\left[(\boldsymbol{y}-\boldsymbol{H}\boldsymbol{x})^T(\boldsymbol{y}-\boldsymbol{H}\boldsymbol{x})\right]
\end{aligned}
$$

である．したがって，

$$
\frac{\partial}{\partial\alpha}\Theta(\alpha,\beta)=\frac{N}{2\alpha}-\frac{1}{2}E\left[\boldsymbol{x}^T\boldsymbol{x}\right]=0
$$

および

$$
\begin{aligned}
E\left[\boldsymbol{x}^T\boldsymbol{x}\right] &= E\left[\mathrm{tr}(\boldsymbol{x}\boldsymbol{x}^T)\right]=\mathrm{tr}\left[E(\boldsymbol{x}\boldsymbol{x}^T)\right]=\mathrm{tr}\left(\bar{\boldsymbol{x}}\bar{\boldsymbol{x}}^T+\boldsymbol{\Gamma}^{-1}\right) \\
&= \mathrm{tr}\left(\bar{\boldsymbol{x}}\bar{\boldsymbol{x}}^T\right)+\mathrm{tr}\left(\boldsymbol{\Gamma}^{-1}\right)=\bar{\boldsymbol{x}}^T\bar{\boldsymbol{x}}+\mathrm{tr}\left(\boldsymbol{\Gamma}^{-1}\right)
\end{aligned}
$$

から，

$$
\widehat{\alpha}^{-1}=\frac{1}{N}E\left[\boldsymbol{x}^T\boldsymbol{x}\right]=\frac{1}{N}\left[\bar{\boldsymbol{x}}^T\bar{\boldsymbol{x}}+\mathrm{tr}\left(\boldsymbol{\Gamma}^{-1}\right)\right]
$$

を得る．β については，同様に

$$\frac{\partial}{\partial\beta}Q(\alpha,\beta)=\frac{M}{2\beta}-\frac{1}{2}E\left[(\boldsymbol{y}-\boldsymbol{H}\boldsymbol{x})^T(\boldsymbol{y}-\boldsymbol{H}\boldsymbol{x})\right]$$

から，

$$\widehat{\beta}^{-1}=\frac{1}{M}E\left[(\boldsymbol{y}-\boldsymbol{H}\boldsymbol{x})^T(\boldsymbol{y}-\boldsymbol{H}\boldsymbol{x})\right]$$

である．ここで，

$$\begin{aligned}&E\left[(\boldsymbol{y}-\boldsymbol{H}\boldsymbol{x})^T(\boldsymbol{y}-\boldsymbol{H}\boldsymbol{x})\right]\\&=E\left[\boldsymbol{y}^T\boldsymbol{y}-\boldsymbol{x}^T\boldsymbol{H}^T\boldsymbol{y}-\boldsymbol{y}^T\boldsymbol{H}\boldsymbol{x}+\boldsymbol{x}^T\boldsymbol{H}^T\boldsymbol{H}\boldsymbol{x}\right]\\&=\boldsymbol{y}^T\boldsymbol{y}-E[\boldsymbol{x}^T]\boldsymbol{H}^T\boldsymbol{y}-\boldsymbol{y}^T\boldsymbol{H}E[\boldsymbol{x}]+E[\boldsymbol{x}^T\boldsymbol{H}^T\boldsymbol{H}\boldsymbol{x}]\\&=\boldsymbol{y}^T\boldsymbol{y}-\bar{\boldsymbol{x}}^T\boldsymbol{H}^T\boldsymbol{y}-\boldsymbol{y}^T\boldsymbol{H}\bar{\boldsymbol{x}}+E[\boldsymbol{x}^T\boldsymbol{H}^T\boldsymbol{H}\boldsymbol{x}]\end{aligned}$$

であり，さらに，

$$\begin{aligned}E[\boldsymbol{x}^T\boldsymbol{H}^T\boldsymbol{H}\boldsymbol{x}]&=E\left[\mathrm{tr}\left(\boldsymbol{H}^T\boldsymbol{H}\boldsymbol{x}\boldsymbol{x}^T\right)\right]=\mathrm{tr}\left[\boldsymbol{H}^T\boldsymbol{H}E(\boldsymbol{x}\boldsymbol{x}^T)\right]\\&=\mathrm{tr}\left[\boldsymbol{H}^T\boldsymbol{H}(\bar{\boldsymbol{x}}\bar{\boldsymbol{x}}^T+\boldsymbol{\Gamma}^{-1})\right]=\bar{\boldsymbol{x}}^T\boldsymbol{H}^T\boldsymbol{H}\bar{\boldsymbol{x}}+\mathrm{tr}\left(\boldsymbol{H}^T\boldsymbol{H}\boldsymbol{\Gamma}^{-1}\right)\end{aligned}$$

であるので，

$$\widehat{\beta}^{-1}=\frac{1}{M}\left[\|\boldsymbol{y}-\boldsymbol{H}\bar{\boldsymbol{x}}\|^2+\mathrm{tr}\left(\boldsymbol{H}^T\boldsymbol{H}\boldsymbol{\Gamma}^{-1}\right)\right]$$

を得る．

9.6 式 (9.48) に (9.49)，(9.50)，(9.51) を代入して計算すれば，

$$\begin{aligned}&\Theta_{[q(\boldsymbol{x})]}(\boldsymbol{\theta})+\mathcal{H}[q(\boldsymbol{x})]+\mathcal{K}[q(\boldsymbol{x}),f(\boldsymbol{x}|\boldsymbol{y},\boldsymbol{\theta})]\\&=\int q(\boldsymbol{x})\log f(\boldsymbol{x},\boldsymbol{y}|\boldsymbol{\theta})d\boldsymbol{x}-\int q(\boldsymbol{x})\log q(\boldsymbol{x})d\boldsymbol{x}\\&\quad-\int q(\boldsymbol{x})\log\left[\frac{f(\boldsymbol{x}|\boldsymbol{y},\boldsymbol{\theta})}{q(\boldsymbol{x})}\right]d\boldsymbol{x}\\&=\int q(\boldsymbol{x})\log\left[\frac{f(\boldsymbol{x},\boldsymbol{y}|\boldsymbol{\theta})}{f(\boldsymbol{x}|\boldsymbol{y},\boldsymbol{\theta})}\right]d\boldsymbol{x}=\int q(\boldsymbol{x})\log f(\boldsymbol{y}|\boldsymbol{\theta})d\boldsymbol{x}=\log f(\boldsymbol{y}|\boldsymbol{\theta})\end{aligned}$$

となる．

第 10 章

10.1 x と y が 1 変数のスカラーで

$$y = Fx + \varepsilon \tag{A.78}$$

の関係があり,

$$f(y|x) = \mathcal{N}(y|Fx, \sigma^2) \tag{A.79}$$

$$f(x) = \mathcal{N}(x|\mu_0, \sigma_0^2) \tag{A.80}$$

と仮定し $f(y)$ を求めてみよう. $f(y)$ は正規分布であり, その平均を μ, 分散を λ^2 と仮定する. この $f(y)$ は

$$\begin{aligned} f(y) &= \int_{-\infty}^{\infty} f(x,y)dx = \int_{-\infty}^{\infty} f(y|x)f(x)dx \\ &= \int_{-\infty}^{\infty} \mathcal{N}(y|Fx, \sigma^2)\mathcal{N}(x|\mu_0, \sigma_0^2)dx \end{aligned} \tag{A.81}$$

として求める. 上式の右辺の積分記号の中の指数部分を x について平方完成する. 指数部分は

$$\begin{aligned} &-\frac{1}{2\sigma^2}(y - Fx)^2 - \frac{1}{2\sigma_0^2}(x - \mu_0)^2 \\ &= -\frac{1}{2}\left(\frac{F^2}{\sigma^2} + \frac{1}{\sigma_0^2}\right)x^2 + \left(\frac{Fy}{\sigma^2} + \frac{\mu_0}{\sigma_0^2}\right)x - \frac{1}{2\sigma^2}y^2 \end{aligned}$$

と変形できるので,

$$A = \left(\frac{F^2}{\sigma^2} + \frac{1}{\sigma_0^2}\right) \quad \text{および} \quad B = \left(\frac{Fy}{\sigma^2} + \frac{\mu_0}{\sigma_0^2}\right)$$

とおくと

$$-\frac{1}{2}Ax^2 + Bx - \frac{1}{2\sigma^2}y^2 = -\frac{A}{2}\left(x - \frac{B}{A}\right)^2 + \frac{B^2}{2A} - \frac{1}{2\sigma^2}y^2$$

と平方完成できる. 上式の x に関する平方部分は式 (A.81) 右辺の積分により消去されるので, 積分の後に残る項を y に関して整理すると,

$$
\begin{aligned}
\frac{B^2}{2A} - \frac{1}{2\sigma^2}y^2 &= \frac{\left(\frac{Fy}{\sigma^2} + \frac{\mu_0}{\sigma_0^2}\right)^2}{2\left(\frac{F^2}{\sigma^2} + \frac{1}{\sigma_0^2}\right)} - \frac{1}{2\sigma^2}y^2 \\
&= \frac{1}{2\left(\frac{F^2}{\sigma^2} + \frac{1}{\sigma_0^2}\right)}\left[\left(\frac{Fy}{\sigma^2} + \frac{\mu_0}{\sigma_0^2}\right)^2 - \frac{1}{\sigma^2}\left(\frac{F^2}{\sigma^2} + \frac{1}{\sigma_0^2}\right)y^2\right] \\
&= \frac{1}{2\left(\frac{F^2}{\sigma^2} + \frac{1}{\sigma_0^2}\right)}\left[-\frac{1}{\sigma^2\sigma_0^2}y^2 + \frac{2F\mu_0}{\sigma^2\sigma_0^2}y + \mathcal{C}\right] \\
&= -\frac{1}{2\left(F^2\sigma_0^2 + \sigma^2\right)}y^2 + \frac{F\mu_0}{\left(F^2\sigma_0^2 + \sigma^2\right)}y + \mathcal{C}
\end{aligned}
$$

となる．したがって，平均 μ と分散 λ^2 は

$$\lambda^2 = F^2\sigma_0^2 + \sigma^2 \tag{A.82}$$

$$\mu = F\mu_0 \tag{A.83}$$

となる．ここで，$\lambda^2 \leftarrow p_{k-1}$，$\sigma_0^2 \leftarrow v_{k-1}$，$\sigma^2 \leftarrow \sigma_w^2$，$\mu \leftarrow \mu_{k-1}$，$\mu_0 \leftarrow \bar{x}_{k-1}$ と置き換えることにより，式 (10.24) および (10.25) が求まる．

10.2 まず式 (10.58) から式 (10.60) を導く．このため式 (A.32) において，$\boldsymbol{A} \leftarrow \boldsymbol{P}_{k-1}^{-1}$，$\boldsymbol{B} \leftarrow \boldsymbol{H}^T$，$\boldsymbol{D} \leftarrow \boldsymbol{\Sigma}$，$\boldsymbol{C} \leftarrow \boldsymbol{H}$ とおけば，式 (10.58) は

$$
\begin{aligned}
\boldsymbol{V}_k &= \left[\boldsymbol{P}_{k-1}^{-1} + \boldsymbol{H}^T\boldsymbol{\Sigma}^{-1}\boldsymbol{H}\right]^{-1} \\
&= \boldsymbol{P}_{k-1} - \boldsymbol{P}_{k-1}\boldsymbol{H}^T(\boldsymbol{\Sigma} + \boldsymbol{H}\boldsymbol{P}_{k-1}\boldsymbol{H}^T)^{-1}\boldsymbol{H}\boldsymbol{P}_{k-1} \\
&= \boldsymbol{P}_{k-1} - \boldsymbol{\kappa}\boldsymbol{H}\boldsymbol{P}_{k-1}
\end{aligned}
$$

となって，式 (10.60) を得る．式 (10.61) を導くには，まず (A.33) において，$\boldsymbol{A} \leftarrow \boldsymbol{P}_{k-1}$，$\boldsymbol{B} \leftarrow \boldsymbol{H}$，$\boldsymbol{C} \leftarrow \boldsymbol{\Sigma}$ とおいて

$$
\begin{aligned}
&\left[\boldsymbol{P}_{k-1}^{-1} + \boldsymbol{H}^T\boldsymbol{\Sigma}^{-1}\boldsymbol{H}\right]^{-1}\boldsymbol{H}^T\boldsymbol{\Sigma}^{-1} \\
&= \boldsymbol{P}_{k-1}\boldsymbol{H}^T\left(\boldsymbol{H}\boldsymbol{P}_{k-1}\boldsymbol{H}^T + \boldsymbol{\Sigma}\right)^{-1} = \boldsymbol{\kappa}
\end{aligned} \tag{A.84}
$$

である．したがって，

$$
\begin{aligned}
\bar{\boldsymbol{x}}_k &= \left[\boldsymbol{P}_{k-1}^{-1} + \boldsymbol{H}^T\boldsymbol{\Sigma}^{-1}\boldsymbol{H}\right]^{-1}\left[\boldsymbol{H}^T\boldsymbol{\Sigma}^{-1}\boldsymbol{y}_k + \boldsymbol{P}_{k-1}^{-1}\boldsymbol{F}\bar{\boldsymbol{x}}_{k-1}\right] \\
&= \left[\boldsymbol{P}_{k-1}^{-1} + \boldsymbol{H}^T\boldsymbol{\Sigma}^{-1}\boldsymbol{H}\right]^{-1}\boldsymbol{H}^T\boldsymbol{\Sigma}^{-1}\boldsymbol{y}_k \\
&\quad + \left[\boldsymbol{P}_{k-1}^{-1} + \boldsymbol{H}^T\boldsymbol{\Sigma}^{-1}\boldsymbol{H}\right]^{-1}\boldsymbol{P}_{k-1}^{-1}\boldsymbol{F}\bar{\boldsymbol{x}}_{k-1}
\end{aligned}
$$

上式右辺第1項は式(A.84)を用いて,

$$
\left[\boldsymbol{P}_{k-1}^{-1} + \boldsymbol{H}^T\boldsymbol{\Sigma}^{-1}\boldsymbol{H}\right]^{-1}\boldsymbol{H}^T\boldsymbol{\Sigma}^{-1}\boldsymbol{y}_k = \boldsymbol{\kappa}\boldsymbol{y}_k
$$

である．第2項は，式(10.60)を用いて,

$$
\begin{aligned}
&\left[\boldsymbol{P}_{k-1}^{-1} + \boldsymbol{H}^T\boldsymbol{\Sigma}^{-1}\boldsymbol{H}\right]^{-1}\boldsymbol{P}_{k-1}^{-1}\boldsymbol{F}\bar{\boldsymbol{x}}_{k-1} \\
&= \left[\boldsymbol{P}_{k-1} - \boldsymbol{\kappa}\boldsymbol{H}\boldsymbol{P}_{k-1}\right]\boldsymbol{P}_{k-1}^{-1}\boldsymbol{F}\bar{\boldsymbol{x}}_{k-1} = \boldsymbol{F}\bar{\boldsymbol{x}}_{k-1} - \boldsymbol{\kappa}\boldsymbol{H}\boldsymbol{F}\bar{\boldsymbol{x}}_{k-1}
\end{aligned}
$$

であるので，結局,

$$
\bar{\boldsymbol{x}}_k = \boldsymbol{\kappa}\boldsymbol{y}_k + \boldsymbol{F}\bar{\boldsymbol{x}}_{k-1} - \boldsymbol{\kappa}\boldsymbol{H}\boldsymbol{F}\bar{\boldsymbol{x}}_{k-1} = \boldsymbol{F}\bar{\boldsymbol{x}}_{k-1} + \boldsymbol{\kappa}\left(\boldsymbol{y}_k - \boldsymbol{H}\boldsymbol{F}\bar{\boldsymbol{x}}_{k-1}\right)
$$

となり，式(10.61)を導くことができた.

10.3 $\boldsymbol{H} = \boldsymbol{I}$ と $\boldsymbol{\Sigma} = \boldsymbol{0}$ をカルマンゲインの式(10.62)に代入すると，$\boldsymbol{\kappa} = \boldsymbol{I}$ を得る．したがって，式(10.60)より $\boldsymbol{V}_k = \boldsymbol{0}$，式(10.61)より $\bar{\boldsymbol{x}}_k = \boldsymbol{y}_k$ を得る.

10.4 まず式(10.55)から

$$
\boldsymbol{P}_{k-1} = \boldsymbol{V}_{k-1}
$$

であり，ここで，初期値として $\boldsymbol{V}_1 = \boldsymbol{\Sigma}$，$\bar{\boldsymbol{x}}_1 = \boldsymbol{y}_1$ とすれば，まず，式(10.62)から,

$$
\boldsymbol{\kappa} = \boldsymbol{\Sigma}\left(\boldsymbol{\Sigma} + \boldsymbol{\Sigma}\right)^{-1} = \frac{1}{2}
$$

であり，したがって，式(10.60)より,

$$
\boldsymbol{V}_2 = \boldsymbol{\Sigma} - \frac{1}{2}\boldsymbol{\Sigma} = \frac{1}{2}\boldsymbol{\Sigma}
$$

を得る．さらに，式(10.61)から

$$\bar{\boldsymbol{x}}_2 = \boldsymbol{y}_1 + \frac{1}{2}(\boldsymbol{y}_2 - \boldsymbol{y}_1) = \frac{1}{2}(\boldsymbol{y}_1 + \boldsymbol{y}_2)$$

を得る．全く同様に $\boldsymbol{V}_3$ と $\bar{\boldsymbol{x}}_3$ を求めると，まず，カルマンゲインは

$$\boldsymbol{\kappa} = \frac{1}{2}\boldsymbol{\Sigma}(\boldsymbol{\Sigma} + \frac{1}{2}\boldsymbol{\Sigma})^{-1} = \frac{1}{3}$$

であるので

$$\boldsymbol{V}_3 = \frac{1}{2}\boldsymbol{\Sigma} - \frac{1}{3}\left(\frac{1}{2}\boldsymbol{\Sigma}\right) = \frac{1}{3}\boldsymbol{\Sigma}$$

$$\bar{\boldsymbol{x}}_3 = \frac{1}{2}(\boldsymbol{y}_1 + \boldsymbol{y}_2) + \frac{1}{3}\left(\boldsymbol{y}_3 - \frac{1}{2}(\boldsymbol{y}_1 + \boldsymbol{y}_2)\right) = \frac{1}{3}(\boldsymbol{y}_1 + \boldsymbol{y}_2 + \boldsymbol{y}_3)$$

を得る．したがって，この手順を繰り返していけば，

$$\boldsymbol{V}_k = \frac{1}{k}\boldsymbol{\Sigma}$$

$$\bar{\boldsymbol{x}}_k = \frac{1}{k}\sum_{j=1}^{k}\boldsymbol{y}_j$$

を示すことができる．これは未知量 $\boldsymbol{x}$ が時間変化しない場合の最尤推定解とその分散に等しい．

参考文献

本書の執筆に際しては，特に以下の文献を参考にさせていただいた．ここにお礼を申し上げる．

[統計・確率全般]

1. J. A. Rice, “Mathematical Statistics and Data Analysis”, Wadsworth and Brooks/Cole Advanced Books and Software.

2. 「自然科学の統計学」東京大学教養学部統計学教室 編，東京大学出版会.

3. 福田明 著「理工系のための応用確率論」森北出版.

[統計的信号処理]

4. L. L. Scharf, “Statistical Signal Processing”, Addison-Wesley Publishing Company.

5. M. D. Srinath, P. K. Rajasekaran, R. Viswanathan, “Introduction to Statistical Signal Processing with Applications”, Prentice Hall.

6. W. Menke, “Geophysical Data Analysis: Discrete Inverse Theory, Revised Edition”, Academic Press.

[センサーアレイ信号処理]

7. K. Sekihara, S. S. Nagarajan, “Adaptive spatial filters for electromagnetic brain imaging”, Springer-Verlag.

8. D. H. Johnson, D. E. Dudgeon, “Array Signal Processing, Concepts and Techniques”, Prentice Hall.

9. A. Paulraj, B. Ottersten, R. Roy, A. Swindlehurst, G. Xu, T. Kailath, “Subspace methods for directions-of-arrival estimation”, Handbook of Statistics, Elsevier Science Publishers.

10. R. O. Schmidt, “A signal subspace approach to multiple emitter location and spectral estimation", Ph.D. Thesis, Stanford University.

11. H. L. Van Trees, "Optimum Array Processing", A John Wiley & Sons, Inc.

[ベイズ推定]

12. C. M. Bishop, "Pattern Recognition and Machine Learning", Springer-Verlag.

[線形代数学]

13. C. D. Meyer, "Matrix Analysis and Applied Linear Algebra", Society for Industrial and Applied Mathematics.

14. J. L. Goldberg, "Matrix Theory with Applications", McGraw-Hill.

索　引

〈著者紹介〉

関原　謙介（せきはら　けんすけ）

工学博士
1976 年東京工業大学物理情報工学修士課程卒業後，日立製作所中央研究所メディカルシステム部にて X 線 CT や MRI，生体磁気イメージング等の画像診断機器の研究・開発に従事する．1996 年より 2000 年まで科学技術振興事業団「心表象」プロジェクトにおいて認知グループ研究リーダー．同プロジェクトにおいて脳機能イメージングの研究を行う．現在，首都大学東京システムデザイン学部教授．専門は逆問題，信号源再構成法，生体からの信号計測と処理，特に脳信号の計測と処理法の研究など．著作に “Adaptive Spatial Filters for Electromagnetic Brain Imaging”, Springer, 2008 がある．
IEEE fellow, ISFSI (International Society of Functional Source Imaging) fellow. IEEE Transactions on Biomedical Engineering 誌 associate editor.

統計的信号処理
—信号・ノイズ・推定を理解する—
Introduction to Statistical Signal Processing

2011 年 10 月 30 日　初版 1 刷発行
2025 年 4 月 15 日　初版 6 刷発行

著　者　関原謙介　© 2011

発行者　南條光章

発行所　**共立出版株式会社**
東京都文京区小日向 4-6-19
電話　03-3947-2511（代表）
郵便番号　112-0006
振替口座　00110-2-57035
URL www.kyoritsu-pub.co.jp

印　刷　大日本法令印刷

製　本　協栄製本

検印廃止
NDC 547.1

一般社団法人
自然科学書協会
会員

ISBN 978-4-320-08567-1

Printed in Japan